稀有物种观察日记

稀有哺乳动物观察日记

彭麦峰 著 一本书文化 绘

广西科学技术出版社

图书在版编目（CIP）数据

稀有哺乳动物观察日记 / 彭麦峰著；一本书文化绘 .—南宁：广西科学技术出版社，2024.10

（稀有物种观察日记）

ISBN 978-7-5551-2210-4

Ⅰ．①稀… Ⅱ．①彭… ②一… Ⅲ．①珍稀动物－哺乳动物纲－少儿读物 Ⅳ．①Q959.8-49

中国国家版本馆 CIP 数据核字（2024）第 103189 号

XIYOU BURU DONGWU GUANCHA RIJI

稀有哺乳动物观察日记

彭麦峰 著　　一本书文化 绘

责任编辑：谢艺文　　责任校对：冯　靖

装帧设计：张亚群　韦娇林　　责任印制：陆　弟

出 版 人：岑　刚　　出版发行：广西科学技术出版社

社　　址：广西南宁市东葛路 66 号　　邮政编码：530023

网　　址：http://www.gxkjs.com　　编辑部电话：0771-5871673

印　　刷：运河（唐山）印务有限公司

开　　本：787 mm×1092 mm 1/16

字　　数：96 千字　　印　　张：6

版　　次：2024 年 10 月第 1 版　　印　　次：2024 年 10 月第 1 次印刷

书　　号：ISBN 978-7-5551-2210-4

定　　价：45.00 元

目录

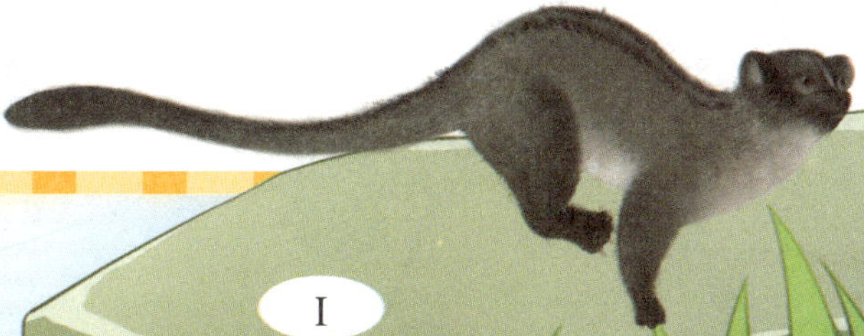

蜂猴

5月19日 风和日丽

今天，我去动物园看到了一只体形非常小的猴子。“难道它才刚出生不久吗？”我好奇地问爸爸。爸爸告诉我，这种猴子叫作蜂猴，成年以后也是这么小。

蜂猴有圆圆的、小小的脑袋，配上大大的眼睛，非常可爱！别看它体形小，它有独门本领呢！每当有危险时，蜂猴的腋下会分泌毒液，然后，它会用舌头舔腋下的毒液，再去攻击敌人。若不小心被蜂猴咬到，伤口会肿胀很久呢！

日记点评

作者对蜂猴充满好奇，观察得很细致，用“独门本领”来形容蜂猴的独特技能，非常贴切。日记分为两段，分别突出蜂猴的体形小和它的独门本领，全文结构清晰、重点突出。

物种卡片

跟着日记，我们去看看体形小、本领强的小动物蜂猴吧！它是《世界自然保护联盟濒危物种红色名录》中的濒危物种，也是《国家重点保护野生动物名录》中的一级保护动物，非常需要我们的保护。

名称	分布 / 栖息	特点	食性
蜂猴	东南亚的热带雨林、亚热带雨林和半常绿季雨林	体形小，善于攀爬，夜行性	喜欢吃植物分泌物、花蜜、水果、树皮、鸟卵和无脊椎动物等

蜂猴喜欢在晚上出没，长年生活在树上。蜂猴不挑食，植物分泌物、花蜜、水果、树皮、鸟卵和无脊椎动物都是它的食物。

蜂猴体形较小，是家族中唯一能分泌毒液的成员。遭受攻击和受到惊吓时，会举起手臂，因为它的肘部有毒腺，可分泌毒液。

找一找

来帮蜂猴找食物。仔细看，在这片树林中，哪些东西是蜂猴的食物呢？

白掌长臂猿

5月28日 阳光明媚

今天，我和家人一起到马来西亚的热带雨林旅行。在热带雨林里，我看到了一只非常特别的动物——白掌长臂猿！它的毛呈灰色，手臂特别长，还有一张引人注目的脸。它脸上的白毛形成一个圆环，看起来像戴了面具一样。长长的手臂方便它在树上移动。最吸引人的是，它的手掌是白色的，就像戴着一双白手套。当我们走近它时，它还会伸出长长的手臂跟我们打招呼呢。

日记点评

日记对白掌长臂猿的特点进行了详细的描写，让读者能够一下子就想象出这种动物的模样。运用“面具”“手套”来比喻，充分体现了白掌长臂猿的特点。

物种卡片

让我们跟着日记看看，戴着“手套”的白掌长臂猿还有什么有趣的知识吧！它是《世界自然保护联盟濒危物种红色名录》中的濒危物种，也是《国家重点保护野生动物名录》中的一级保护动物，在我国野外几乎已经灭绝。

名称	分布 / 栖息	特点	食性
白掌长臂猿	东南亚热带雨林，包括泰国、马来西亚、缅甸等国家的热带雨林。中国云南也曾有发现	是一种体形较大的猴类动物，成年个体体重为30千克左右。它们有着非常强壮的四肢和长长的手臂	主要以植物为食，喜欢吃果实、嫩叶和花朵等，也会吃昆虫和小型脊椎动物

白掌长臂猿是一种生活在东南亚热带雨林的动物。因为手臂太长了，所以它们会直立行走，看起来像跳舞一样。

找一找

下面是两种灵长类动物，细心的你来找一找，看看它们有什么不同?

川金丝猴

5月30日 天气晴朗

今天我和爸爸妈妈去四川的山区，沿途经过自然保护区的时候，发现了一些非常可爱的小动物——川金丝猴！它们的身体很灵活，身上的毛是黄色的，非常柔软，尾巴长长的，可以用来平衡身体和攀爬树木。它们喜欢吃水果、叶子、昆虫和小型动物。它们在树上跳跃和攀爬时非常灵活。爸爸妈妈告诉我，川金丝猴是中国特有的珍稀动物之一，生活在海拔1500～3500米的山区森林里。由于人类的过度开发和捕杀，现在它们已经濒临灭绝，所以我们要好好保护它们。我觉得川金丝猴真的很可爱，希望以后还能看到更多这样可爱的动物！

日记点评

日记结构完整、条理清晰、内容充实。先描写川金丝猴的外貌特征，然后写它的喜好和动作，再通过父母介绍川金丝猴的濒危情况，最后表达出自己的心情和感慨。

物种卡片

在可爱的川金丝猴身上，还有什么值得我们关注呢？它们是《世界自然保护联盟濒危物种红色名录》中的濒危动物，也是《国家重点保护野生动物名录》中的一级保护动物。

名称	分布 / 栖息	特点	食性
川金丝猴	中国四川、云南一带的山林里	非常灵活，能够在树枝间跳跃和移动	喜欢吃水果、叶子、昆虫和小型动物

川金丝猴是一种非常可爱的动物，它们长着柔软的黄色的毛和长长的尾巴。它们非常灵活，可以在树枝间跳跃和移动，就像我们玩“跳房子”一样。

它们喜欢吃不同的食物，比如水果、叶子、昆虫和小型动物。

走迷宫

小朋友，请你开动脑筋，帮助川金丝猴找到回家的路，并找出它们濒危的主要原因。

短尾猴

6月5日 多云间晴

今天，我们一家人回老家，那是在广西深山里的一个古老寨子。在散步时，我突然听到了一些奇怪的声音，我好奇地循声一看。哇！原来是一只短尾猴在树上跳跃玩耍呢！它长着棕色的毛，正用手和脚抓握着树枝，在树上轻松地

爬行和跳跃。短尾猴还会用自己的唾液洗手和洗脸！最有趣的是，它的尾巴短得出奇，像被截断了似的。我真的很喜欢这些可爱的动物，希望我们能够保护它们的栖息地，让它们有更好的生存环境。

日记点评

作者绘声绘色地描述了在广西发现短尾猴的经历。日记里有听觉、视觉等方面的感官描写，如果描写时增加感官上的描述，文章将更加丰富生动。小朋友，你也要掌握这样的写作技巧呢。

物种卡片

生活在深山里的短尾猴非常有趣，它被列入《世界自然保护联盟濒危物种红色名录》易危物种，是《国家重点保护野生动物名录》中的二级保护动物。

名称	分布 / 栖息	特点	食性
短尾猴	中国、柬埔寨、印度、老挝、马来西亚、缅甸、泰国和越南等国家的热带、亚热带雨林，其中70%~80%分布在中国云南和广西	脸很红，尾巴很短，手脚非常灵活，喜欢成群活动	吃嫩叶、花芽、野果、竹笋、种子、昆虫，会到农田搜寻玉米、稻谷和马铃薯

短尾猴是一种体形较大的猕猴，体重约5千克，体长约50厘米，尾巴极短。它们有一个很可爱的习惯，就是喜欢用前肢抓食物吃，坐着吃东西的样子和人很像。

找一找

找出图片中两只短尾猴的不同之处，共有 5 个不同之处。

穿山甲

6月1日 雨后的阴天

今天，我和妈妈去动物园玩。我在哺乳类动物里发现了一种很奇怪的动物——穿山甲。它的身上有好多鳞片，像铠甲一样。它还有一条长长的尾巴，好像是用来保护自己的。妈妈说，虽然它一直爬着走，还长着鳞片，但它是胎生哺乳类动物，而且它非常谨慎、胆小。果然，我刚走近它，它立刻就卷起来变成一个球，用鳞片保护自己，直到确认没有危险了，才重新展开身体。动物园里的解说牌上写着，穿山甲善于挖洞，喜欢在洞穴里睡觉，挖洞的速度飞快！

日记点评

这篇日记生动形象地写出了穿山甲谨慎、胆小的特点。“铠甲”这一比喻让读者非常容易地联想、理解穿山甲的外形。日记通过妈妈的话和动物园里的解说牌，从侧面介绍穿山甲，充实了文章的内容。

物种卡片

穿着“铠甲”的穿山甲，需要我们的保护。穿山甲被《世界自然保护联盟濒危物种红色名录》收录，是《国家重点保护野生动物》中的保护动物。

名称	分布 / 栖息	特点	食性
穿山甲	非洲和亚洲的热带地区，最喜欢生活在草原、森林和荒漠中	身上有厚厚的鳞片，前肢十分强壮，会挖地道	喜欢吃昆虫，如蚂蚁和白蚁

穿山甲是一种爬行动物，它们喜欢吃蚂蚁和白蚁等昆虫。它们的身体覆盖着很多鳞片，这些鳞片可以保护它们，使它们免受其他动物的攻击。

拼一拼

请小朋友将这些穿山甲的图片碎片按照顺序拼接起来，并标上对应的序号。

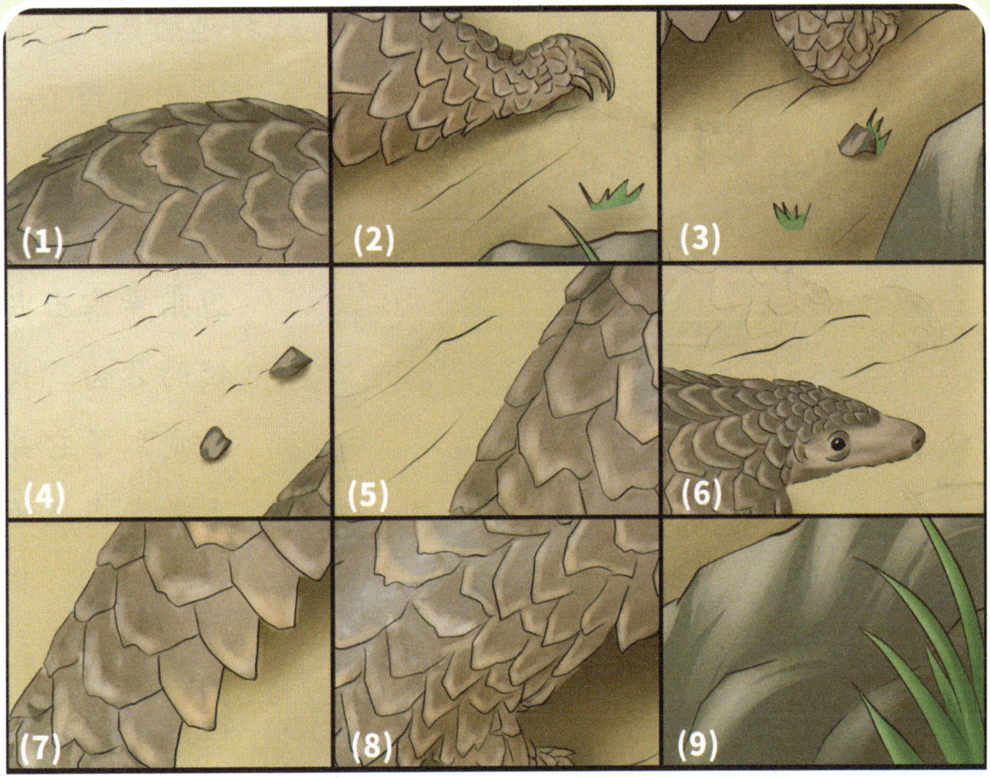

狼

6月15日 雨后天晴

这是我第一次来到大草原，我非常兴奋地跟着几个骑马的叔叔沿着小路越走越远，直到接近草原和森林交会的边缘。大家正聊着天，突然间，马“噗噗”地打起响鼻。叔叔赶紧掏出武器。在森林边缘的一块大石头旁，我们看到了一只大灰狼！它身上的毛乱糟糟的，眼神锐利又冷静，它一边看着我们，一边张嘴露出尖锐的牙齿。我感觉到了它身上散发出来的凶猛气息，非常害怕。当我们慢慢向后退时，那只狼的后边冒出了两只可爱的小狼。大灰狼深深地看了我们一眼，便带着小狼转身跑进了森林。

日记点评

日记的描写非常生动、细致，做到了绘声绘色。作者进行了听觉、视觉方面的描写，起到了烘托气氛、突出主角的作用，是非常棒的一篇日记。

物种卡片

我们仿佛真的听到了马被吓得“噗噗”打着响鼻的声音，看到了不远处的狼。狼还有什么有趣的知识呢？它是《国家重点保护野生动物名录》中的二级保护动物。

名称	分布 / 栖息	特点	食性
狼	森林、草原和沙漠等	嗅觉灵敏，群居	鹿、鸟类及兔子等小型哺乳动物

我国曾经到处都有野狼出没，但现在除了东北、西北、华南和华北的少数几个省份，其他地方已经看不到狼的踪影了。现在，我们国家的野狼可能仅剩几千只。它们身上厚厚的毛可以帮助它们在寒冷的环境中保暖。它们有很锐利的牙齿和爪子，可以轻松地抓住猎物。

狼是群居动物，通常会组成一个“家族”。它们互相帮助，彼此保护，共同猎食。如果有人或者其他危险的动物靠近它们的领地，它们就会变得非常勇敢和危险。

填空：认识狼

1. 狼通常会生活在群体中，这个群体被称为______。

2. 狼的叫声是______。

3. 灰狼是世界上最大的野生______科动物之一。

4. 狼的毛色有灰色、棕色、黑色等，这些颜色可以帮助它们更好地______。

5. 由于人类活动和环境破坏，狼现在正面临着______问题，我们应该保护它们。

豺

6月18日 多云

今天，我和家人到甘肃的动物园参观。在这里，我看到了很多动物，其中让我印象最深刻的是豺。豺长得很像狐狸，但比狐狸大一些，而且有着长长的腿。当我走近豺时，豺注意到了我的存在，它站起来向我靠近。我虽然有点害怕，但还是观察了一会儿。

在观察它的过程中，我发现了一件有趣的事情：它喜欢打洞！它会用前爪挖洞，并在洞里面休息、藏食物。见到豺的经历真让人难忘，它看起来有点可怕，但也是非常独特和有趣的动物。

日记点评

日记运用对比的方法把豺的外形展现出来。描写在动物园观察豺的过程时，不仅描写了心理活动，还讲述了豺挖洞穴、藏食物的有趣事情，让日记丰满生动。

物种卡片

跟随日记，我们去看一看会挖洞、藏食物的豺吧！它是《世界自然保护联盟濒危物种红色名录》中的濒危物种，根据《国家重点保护野生动物名录》，豺是国家一级保护野生动物。

名称	分布 / 栖息	特点	食性
豺	亚洲的丘陵、山地及森林	嗅觉和听觉十分灵敏，群居	肉食为主，捕食鹿、麂、麝、山羊等

豺是一种身长、腿长、尾短的犬科动物，通常生活在丘陵、山地及森林地带。豺通常在夜间活动，白天则躲在树丛或岩石缝中休息。

找一找

小朋友，下面这两种动物分别是豺和狼，它们之间有什么不同呢？

赤狐

6月19日 多云间阴

我今天在动物园看到了赤狐。它有一双大耳朵和尖嘴巴，身上长着柔软的红色的毛，非常漂亮。它非常机警，我们一靠近它，它就马上跑开。但是当我们保持安静并且不惊扰它时，它就会放松戒备，继续寻找食物。我喜欢这种聪明、机灵、美丽而又神秘的动物。

日记点评

作者运用了平铺直叙的手法来描写赤狐的外貌特征和行为特点，重点突出了赤狐的机警。我们应注意，直接叙述描写要充分用好形容词、动词，这样才能比较生动地展现描写对象的特点。此外，“机警”“戒备”等词在日记里使用得当。

物种卡片

看看这只机警的赤狐有多珍稀——它是《国家重点保护野生动物名录》里的二级保护动物。

名称	分布 / 栖息	特点	食性
赤狐	森林、草原、沙漠等	有柔软的红色的毛，机警小巧	喜欢吃小型哺乳类动物、鸟类、昆虫

它是一种哺乳动物，属于犬科。它们生活在欧洲、亚洲和北美洲等地，通常栖息在森林、草原和沙漠中。赤狐长着柔软的红色的毛，还有一双大耳朵和尖嘴巴，非常漂亮。

找一找

游戏目标：在 5 秒内，找到隐藏起来的赤狐。

懒熊

6月25日 灰蒙蒙的阴天

这是我第一次到斯里兰卡旅行。在这个热带国家，我和妈妈看到了懒熊！它很胖，浑身上下都长着又长又蓬松的毛，鼻子和嘴不仅长，还能左右转动，鼻孔也可以随意开合，非常有意思。它会扒开白蚁窝，把自己的长鼻子插进去并闭上鼻孔，然后用嘴唇吸食白蚁，发出重重的喘气声。不过，懒熊真的很懒呢！它走起路来特别慢，像快睡着了一样。我觉得懒熊真的好可爱啊！希望以后还能再见到它。

日记点评

日记先对懒熊的外貌和行为进行描写，尤其是对懒熊吸食白蚁的描写，非常生动，让大家认识了这种动物。日记运用分层次的描写方法，从外貌特征到动作，再到习性，逻辑清晰、重点突出。

物种卡片

我们看看爱吃蜂蜜的懒熊还有什么有意思的知识点吧！懒熊被列为《国家重点保护野生动物名录》二级保护动物。根据测算，懒熊的数量仅有1万~2.5万只，而且数量还在下降。

名称	分布 / 栖息	特点	食性
懒熊（因为爱吃蜂蜜，又叫“蜜熊”）	印度、不丹等南亚地区湿润和干燥的热带森林、稀树草原、灌木丛和草原	体形较大，喜欢倒挂在树上，特别“懒”，走路慢悠悠的	杂食性，喜欢吃树叶、水果、谷物和小型脊椎动物，尤其喜欢白蚁、蜜蜂等昆虫

懒熊因行动迟缓而得名，其实，它跑起来比人还快。

栖息地被破坏是懒熊濒危的主要原因。它们喜欢吃白蚁、蜜蜂，但是随着人类开垦草原、破坏森林，它们的食物越来越少。

找一找

森林中既有丰富美味的食物，又有不可预知的危险，现在你成了懒熊，你能在这片森林中发现哪些食物和危险呢？

黑熊

6月30日 阳光灿烂的晴天

我的叔叔是动物保护区的管理员，他带着我们一家来到他工作的山谷。在这里，我看到了一只黑色的大熊。它非常威猛，身上有厚厚的毛，还有尖锐的爪子。当我们靠近它时，它站了起来，足足比爸爸高出一个头，还露出长长的牙齿。我被吓得不敢动弹，爸爸妈妈告诉我要保持冷静，不要惊动它。我们悄悄地离开那个地方。叔叔说，黑熊是一种猛兽，很危险，它常在山野和树林里觅食。我们需要与它保持安全距离，不要做出任何惊扰它的行为。我会记住这次见到黑熊的经历，会更加珍惜与大自然相处的机会。

日记点评

对于黑熊的外貌特点，作者结合自身的感受进行描写，再通过叔叔的话，进一步突出了我们的主角——黑熊的威猛形象，表达出作者对大自然的敬畏和珍惜的心情。

物种卡片

威猛的黑熊真让人印象深刻，它还有什么值得关注的小知识？黑熊是《国家重点保护野生动物名录》里的二级保护动物。

名称	分布 / 栖息	特点	食性
黑熊（也被称为“狗熊”）	亚洲的森林、山区和荒野	有厚厚的、黑色的毛和发达的肌肉；喜欢在夜晚活动，白天在树洞或岩洞中睡觉	喜欢吃植物的果实、蜂蜜、昆虫和鱼类

黑熊原本生活在亚洲从南到北的很多地方，是适应性很强的猛兽。但由于环境变化和栖息地被破坏，在很多地方已经再也看不到黑熊了。黑熊会攀爬到很高的树上去取食果实和蜂蜜，它还会游泳。

黑熊身上有厚厚的黑色的毛，肌肉发达，胸前有一块很明显的白色斑纹。

记忆训练

1. 请小朋友仔细观察黑熊身上的特征。

2. 遮挡图片，请小朋友根据记忆回答以下问题：

（1）黑熊身上有什么颜色的毛？

（2）黑熊喜欢吃什么食物？

（3）黑熊生活在哪些地区？

大熊猫

7月1日 多云间晴

今天我去了成都动物园，看到了非常可爱的大熊猫！它身上有黑白相间的毛，眼睛周围是黑色的，就像戴了一副墨镜一样，耳朵也是黑色的。它在吃竹子，慢慢地咀嚼着，好像很享受这个过程。这时，有一只大熊猫很费劲地爬上了树，一不小心，“哗啦”滑下来，摔到了屁股，它居然还会捂着圆圆的屁股吐舌头，看起来太可爱了！我听到工作人员说，大熊猫是中国特有的动物，是中国的国宝，世界各地的游客都慕名来这里看大熊猫。

日记点评

日记绘声绘色地描述了大熊猫可爱憨厚的行为举止。“墨镜”这一比喻非常形象。“享受”“捂着圆圆的屁股吐舌头”等拟人化描写技巧的运用，把大熊猫的可爱形象非常生动地展现了出来。

物种卡片

跟着作者去看看可爱憨厚的大熊猫吧。熊猫是《国家重点保护野生动物名录》中的一级保护动物，野生熊猫仅存分布四川、陕西和甘肃，数量稀少。

名称	分布 / 栖息	特点	食性
大熊猫	中国四川、陕西和甘肃的竹林、山林	可爱，喜欢睡觉	喜食竹子

大熊猫体形肥硕，头圆尾短。最为标志性的特征是它们黑白相间的外表，以及内八字的行走方式。此外，大熊猫的皮肤非常厚，最厚处可达 10 毫米，这有助于它们在野外环境中保护自己。

大熊猫是中国特有的动物，由于人类的活动和栖息地被破坏，大熊猫正面临着生存危机。

拼一拼

大熊猫的图片被分割成了 9 张拼图碎片，请小朋友将这些拼图碎片用正确的序号标注、拼接起来，使之成为一张完整的大熊猫图片。

紫貂

12月5日 多云间阴

今天，跟着在大兴安岭林场里工作的伯伯，我终于看到了紫貂。它好有趣啊！短短的身体，长长的尾巴，小心翼翼地躲在树下。它东瞟一下，西看一下，确定没有危险后，“唰”的一下就爬到了树上。它看起来好可爱呀！伯伯说，以前这里经常可以看到紫貂，后来由于它们的毛非常漂亮，常被用来做高档皮衣，因此被猎杀了很多，数量越来越少，现在已经被列为濒危物种了。

日记点评

日记让读者感受到了作者的探索热情。生动的描写突出地展现了紫貂小心翼翼的神态，还非常恰当地运用语气助词，这项技巧值得我们学习。

物种卡片

让我们看看，日记里小心翼翼的紫貂还有哪些有趣的知识？它们是一种生活在北方地区的哺乳动物，主要分布在中国、俄罗斯、蒙古国等地。它们的毛非常漂亮，因此曾被人们广泛用于制作皮衣和饰品。但由于人类的过度捕杀，现在紫貂已经处于濒危状态，被列为《国家重点保护野生动物名录》一级保护动物。

名称	分布 / 栖息	特点	食性
紫貂	寒冷地区，主要分布在中国、俄罗斯、蒙古国等地	灵活好动，善于攀爬和游泳，它们的毛非常漂亮	喜欢吃小型哺乳动物、鱼类和昆虫等

画一画

画出你心目中美丽的紫貂。

水獭

7月8日 风和日丽

今天我和爸爸去了河边，看到了一只水獭！它的毛很柔软，身体长长的，好像一只小狗。水獭在水里游来游去，还会潜到水底找吃的。我觉得它好厉害啊！水獭还有一条扁扁的尾巴，帮助它在水里游得更快更稳。爸爸告诉我，水獭是一种生活在水边的动物，喜欢吃鱼、螃蟹等。我觉得水獭好可爱啊！

日记点评

作者观察细致、描写细腻，将水獭比喻为小狗，先写水獭的可爱、有趣，再写自己的内心感受，使得文章非常生动。

物种卡片

水獭非常可爱，但是我们不能随意去捕捉或者伤害它们。我们看看与它相关的有意思的小知识吧！水獭是《国家重点保护野生动物名录》中的二级保护动物。

名称	分布 / 栖息	特点	食性
水獭	北半球的河流、湖泊等	拥有灵活的身体和强壮的四肢，善于游泳	捕食贝类、鱼类和甲壳类生物

它们喜欢生活在河流和湖泊的岸边或水流平缓的地方，尤其喜欢林木繁茂的溪河地带，有时候我们在沿河的稻田附近也会看到它们。它们浮在水上时，非常可爱。

水獭是一种生活在水里的哺乳动物，它们的身体结构非常适合在水中游泳。浓密的毛可以使身体保持温暖和干燥，特殊的脚掌像蹼一样帮助它们在水中游动。水獭的皮温暖又防水，曾是价格昂贵的皮衣原料，因此一度被猎人虎视眈眈，水獭的数量也因此急剧减少。

找一找

水獭身上的哪些部位能够帮助它游泳呢？请你找一下吧。

梅花鹿

7月11日 清爽的多云天气

今天我和小伙伴一起去山里玩，我们看到了一只梅花鹿！它的样子真是太美了！四条长长的腿，毛茸茸的身上布满白色的斑点，就像是散落在身上的雪花。梅花鹿性情非常温顺，不怕人类接近它，我们可以轻松地靠近它、给它拍照。据说梅花鹿是一种非常珍贵的动物，数量很少。它们主要生活在山区或森林中，喜欢吃草和树叶。梅花鹿看起来很温顺可爱，我们要保护好这些珍贵的动物资源，让它们能够安全地生存繁衍下去。

今天真是美好的一天啊！

日记点评

作者善用比喻句，且观察十分细致，“就像是散落在身上的雪花”这一比喻，形象生动，让人们的脑海里立刻呈现出梅花鹿优雅的姿态。

物种卡片

梅花鹿是一种生活在山区或森林中的珍贵动物，是《国家重点保护野生动物名录》中的一级保护动物，被列入《中国濒危动物红皮书》，是濒危级别。

名称	分布 / 栖息	特点	食性
梅花鹿	亚洲和欧洲的山区、森林中	性情温顺	喜爱吃草本植物、树叶、树皮、水果等

通常，梅花鹿身上有很多白色的斑点，就像是散落在身上的雪花。梅花鹿一年换两次毛，毛色会随着季节的变化而变化。夏季时，其毛色为棕黄色，白色斑点遍布全身；到了冬季，毛色则变为烟褐色，白斑不显著，并且有厚而密的绒毛。

在辽宁、黑龙江、吉林这些地方，已经出现大量的人工养殖的梅花鹿，它们的鹿茸、鹿角非常珍贵。

找一找

哪只是雄性梅花鹿，哪只是雌性梅花鹿呢？

小齿狸

7月20日 阳光明媚

今天在老挝的森林公园，我发现了一种小动物，它叫小齿狸。小齿狸非常可爱，身体细长、灵巧，可以在树上灵活地跳动、爬行，速度比起在平地上一点也不慢。导游说，它们可以快速地在树上行动，会捕捉小老鼠吃，有时候，它们也会吃树木的果实。以前，在我国云南可以经常见到它们，但是现在因为栖息地被破坏，已经很少见了。真希望也能在云南见到这种可爱的小动物。

日记点评

作者生动地描写了小齿狸的特点，又引用导游的话，进一步讲述小齿狸的行为特征，通过正面、侧面相结合的描写方式，使小齿狸的形象立体丰满，也体现出作者敏锐的观察力对写好一篇文章有重要作用。

物种卡片

小齿狸是《国家重点保护野生动物名录》中的一级保护动物，曾经在我国云南比较常见，但是由于栖息地被破坏，现在在云南已经非常难找到它们了。

名称	分布 / 栖息	特点	食性
小齿狸	生活在温暖湿润的热带雨林，主要分布在东南亚地区，如老挝、马来西亚、缅甸、新加坡、泰国、越南等，我国云南也有分布	牙齿锋利，身体细长，动作灵活	杂食性，吃老鼠及两栖类、爬行类动物和昆虫，也吃树木的果实，尤其是榕树果实

小齿狸是灵猫科小齿狸属动物，也叫小齿椰子猫、小齿灵猫，从它的鼻尖到前额有一白纹，因此也叫三纹灵猫。

找一找

看看森林中有哪些食物是小齿狸可以吃的？让我们帮它找找吧。

云猫

7月18日 雨后天晴

今天我和小伙伴去山里玩。突然，我看见了一只非常美丽的猫科动物，它的身上有黑色的斑点和条纹，很像豹子，但是比豹子小很多。当我们靠近它时，它很快就爬上了树，向我们展示了它强大的攀爬能力。

后来我们问了大人才知道，这是一只云猫！云猫喜欢生活在树上。它还有一个非常酷的特点，就是能够让身体变得“透明”，在树枝上藏起来不被发现！太神奇了！我还知道，现在云猫面临着生存危机，我们要好好保护这些可爱的动物！

日记点评

日记运用了与同类比较的方法来描写云猫，突出了云猫的特点。此外，日记把动态的云猫描写得很细腻，场景感很强。

物种卡片

云猫是一种猫科动物，主要分布于东南亚地区，在我国云南也可以看到它们，它们是《国家重点保护野生动物名录》中的二级保护动物。

名称	分布 / 栖息	特点	食性
云猫	东南亚的低地、热带森林山麓，在我国云南和西藏的部分森林山麓也有	喜欢在夜晚活动，善于攀爬	肉食，吃一些鸟类和爬行动物

云猫身上有很多美丽的斑点和条纹，可以帮助它们更好地隐藏起来。它们喜欢生活在树上，有着超强的攀爬能力，可以轻松地在树枝间穿梭。

现在云猫已经面临着生存危机，我们要好好保护它们哦！

找一找

小朋友，看看云猫和普通的家猫有什么不同？

虎

8月1日 炎炎烈日

今天我和小伙伴到动物园玩，我们拿着相机拍照，一路都在观察、记录。不知不觉，我们走到了虎园。虎真是威风凛凛，它高昂着头，霸气地啃咬着一条巨大的牛后腿。隔着笼子我们也可以听到巨大的啃食声，“咔嚓咔嚓”。在牛骨头的碎裂声中，我看到了虎的牙齿又长又尖，非常有力，我有些心惊胆战。

这么近距离看到它，和在电视里看到的真的太不一样了。它用后肢站立时比我爸爸还要高！真是巨大凶猛！

日记点评

作者善于运用听觉、视觉、心理描写相结合的方式烘托氛围、突出主角。作者还详细描写了虎威武霸气的样子，展现了良好的观察能力、写作能力。

物种卡片

让作者心惊胆战的虎，是有名的猛兽，我们一起去看看吧！虎是一种非常强壮和凶猛的大型猫科动物，是《国家重点保护野生动物名录》中的一级保护动物。

名称	分布 / 栖息	特点	食性
虎	亚洲的森林中	是体形巨大的猫科掠食动物，强壮、凶猛，善于捕猎	喜欢捕食大型哺乳动物，如野鹿、野羊、野牛、野猪、马鹿、水鹿、狍、麝、麂等

不同种类的虎体形大小也不同。东北虎体形最大，雄性体长可达3.7米左右，体重约420千克，雌性体长可达2.4米左右，体重约为170千克。

虎是优秀的捕食者，曾经广泛分布在亚洲的森林。在热带雨林、常绿阔叶林、落叶阔叶林和针阔叶混交林里，它们都是顶级的猎手。

找一找

老虎身上的条纹在斑驳的光影中可以帮助它们更好地隐藏起来！思考一下，老虎皮毛上的条纹是如何帮助它们在野外捕食和隐藏的？

雪豹

4月1日 寒冷的阴天

这是我第一次到西藏山区，研究野生动物的叔叔说，今天要带我去观察难得一见的雪豹。在陡峭的山崖间，叔叔早早就放置了一台高倍望远镜。让我惊喜的是，远处的山坡上真的有一只雪豹！从望远镜里，我看到了雪豹，它隐藏

在岩石和积雪中，灰白色的身体有黑斑和黑环，这是极好的保护色。它的尾巴长而粗，一双锐利的眼睛随时都在观察周围的环境，一旦有风吹草动就会迅速隐藏起来。叔叔说，它有“雪山之王”之称。

日记点评

作者描述了发现雪豹的过程，并对雪豹的外貌特征进行了详细的记录，还进行了心理描写，表达了自己的兴奋和惊喜。

物种卡片

“雪山之王”雪豹还有哪些值得关注的小知识呢？它被列入《国家重点保护野生动物名录》，是一级保护动物，是一种非常灵活和凶猛的大型猫科动物。

名称	分布 / 栖息	特点	食性
雪豹	中亚和南亚的高山地区	身体强壮，毛色灰白相间	喜欢捕食岩羊和野山羊等

雪豹身体强壮，毛色灰白相间，身上有黑斑和黑环，这让它们在岩石和雪地中更容易隐藏起来。

雪豹是一种生活在高山地区的大型猫科动物，它们通常生活在海拔3000米以上的崎岖山地中。它们是优秀的猎手，主要以岩羊和野山羊等为食。

找一找

雪豹、虎和人，谁的体形更大呢？

河狸

9月1日 雨后天晴

今天我到新疆的好朋友家里去做客。我们一大群小伙伴去了河边玩，偶然间，我看到了一只奇怪的动物，它有一张扁扁的嘴巴，两只小小的耳朵，还有一条厚厚的尾巴。我们好奇地围观它，突然，它拍起了水花，原来这是一只河狸！我们发现它正在修建一个水坝，用木材和泥土作原材料。河狸是一种很勤劳的动物，喜欢修建水坝用以控制水流。它们的牙齿特别锋利，可以轻松啃食树木和竹子。

日记点评

作者对河狸外貌特点和行为特征的描写形象生动，且“勤劳”一词使用恰当。日记的叙述有条不紊，从好奇地观察到发现河狸在修建水坝，细节描写到位。

物种卡片

让我们跟着勤劳修建大坝的河狸一起去学习知识吧！河狸是一种生活在水边的哺乳动物，在《国家重点保护野生动物名录》中是一级保护动物。

名称	分布 / 栖息	特点	食性
河狸	分布在北美和亚欧大陆的温带、寒带地区的河边，在我国仅分布于新疆东北部的青河、布尔根河和乌伦古河等附近	有扁平的尾巴和锐利的牙齿，勤劳且聪明	喜欢吃各种水生植物，也吃杨、柳的幼嫩枝叶及树皮，偶尔会吃小鱼小虾

河狸会用自己的牙齿和爪子修建堤坝、挖掘洞穴，便于在水边生活。

它们吃树皮、树枝和水草等，偶尔也会吃些小鱼小虾，还会在岸边采食菖蒲、水葱。

找一找

看看河狸造的房子，你能找到房子的出入口吗？

雪兔

12月15日　大雪之后的晴天

黑龙江的冬天非常寒冷，大雪下了一夜。今天早上，我打开窗户一看，林场的树全都被大雪覆盖了。我穿上厚厚的外套、戴上手套，在林场的树林里行走，厚厚的雪漫过了我的膝盖。突然，我发现了一串刚留下的脚印。“快看！那是雪兔呀！”爸爸低声提醒我。我沿着脚印仔细一看，一只白色的小动物在树林边缘跳来跳去。它的毛白白的，和雪融为一体。它的耳朵长长的，眼睛圆圆的，非常可爱。我慢慢地走近它，它听到脚步声，瞬间定住身体、隐藏在雪地里一动不动，要不是小脚印暴露了它的位置，估计谁都找不到它吧！

日记点评

通过对雪景的描写，从侧面烘托出发现雪兔的环境和氛围，加上感叹词的运用及动作描写，把发现雪兔的过程描绘得非常细致，体现了作者很强的观察力和描写能力。

物种卡片

雪兔是《国家重点保护野生动物名录》中的二级保护动物。

名称	分布 / 栖息	特点	食性
雪兔	北极圈附近的森林、沼泽地的边缘及河谷的草地、芦苇丛	浑身纯白色，擅长利用保护色隐藏自己，听力十分灵敏	喜欢吃苔藓和草

雪兔是一种生活在北极圈和高寒山区的哺乳动物，也称为北极兔或白兔。雪兔是植食性动物，主要以苔藓、草等植物为食。

它们有着纯白色的毛，可以很好地融入雪地中，避免被掠食者发现。它们的耳朵长长的，可以帮助它们听到周围细微的声音，以便及时逃离危险。

找一找

1. 帮雪兔找一个安全的藏身地点吧！

2. 发现危险的雪兔会快速隐藏自己，找一找，现在它躲在哪里呢？

北海狮

5月15日 晴天

跟随着科考站的叔叔，我第一次看到了北海狮！

它是一只超级可爱的动物。身上长着黄褐色的、茸茸的毛，还有大大的眼睛和圆圆的耳朵。它躺在冰面上晒太阳，看起来懒洋洋的。可当它在水里游来游去时，它胖乎乎的身体就像一艘流线型的潜水艇，快速地在水里穿行，它不时会用前肢划水。我还听说北海狮很聪明，它是海狮的一种，生活在寒冷的海域附近。

日记点评

作者对北海狮外貌、神态、动作的观察十分细致，描写也非常生动。“懒洋洋”的拟人化描写、“潜水艇”的比喻，两种描写相结合，北海狮的形象呼之欲出。

物种卡片

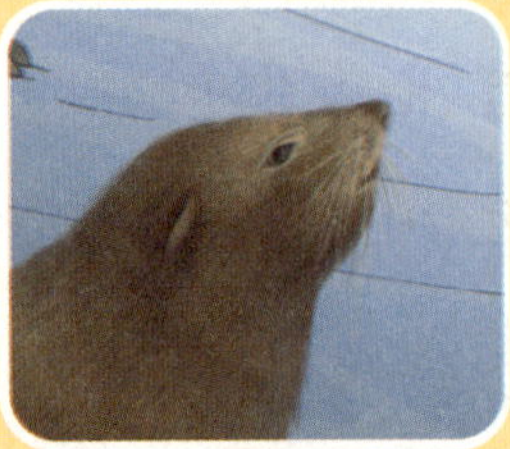

让我们跟着日记去看看北海狮吧！它是一种生活在寒冷地区的海狮，被列入《世界自然保护联盟濒危物种红色名录》，属于近危动物，还被列入我国《国家重点保护野生动物名录》，是二级保护动物。

名称	分布 / 栖息	特点	食性
北海狮	北半球寒冷的海域沿岸附近	它的皮毛防水；擅长游泳；吞吃食物，不加咀嚼，所以需要吞食一些小石子帮助消化	捕食乌贼、蚌、海蜇和鱼类等

它们主要分布在寒冷地区的海域（白令海、鄂霍次克海、阿拉斯加、堪察加、阿留申群岛和北千岛等）。北海狮是海狮科中体形最大的一种，雄性北海狮体长3米左右，体重可达1吨；雌性北海狮体长也有2.5米左右，体重300千克左右。

由于气候变化和人类活动的影响，北海狮面临着生存危机，我们应该保护好这些可爱的动物，让它们能够继续生存下去。

找一找

哪些是北海狮喜欢的食物呢？

亚洲象

6月15日 晴天

今天，我去动物园看到了一只超级大的亚洲象！它真的好大啊！我先看到它的鼻子，它的鼻子好长好长，它把鼻子伸进水里喝水，还用鼻子抓东西吃。它的耳朵很大，可以扇风，以降低体温，还可以听到远处的声音。它还有两根长长的象牙，用来保护自己。我还听到它用脚掌踩地时发出的沉重的声音，好震撼啊！

亚洲象是一种非常聪明、友善的动物，我们应该好好爱护它们哦！

日记点评

描写亚洲象时，外貌描写、动作描写、亲身感受三者结合，使亚洲象的形象变得丰满。同时，日记多次运用感叹句，体现了生动的情感。重叠的修辞方法让语言充满童趣，也让亚洲象的特点更加突出。

物种卡片

跟着这篇活泼的日记去看看亚洲象吧！它是一种体形巨大的哺乳动物，是世界上最大的陆生动物之一。它被列入《世界自然保护联盟濒危物种红色名录》，属于濒危动物，也是《国家重点保护野生动物名录》中的一级保护动物。

名称	分布 / 栖息	特点	食性
亚洲象	我国西双版纳一带以及东南亚和南亚的热带雨林、沼泽、草原	鼻子很长，喜欢群居，是最大的陆生动物之一	喜欢吃植物

亚洲象通常生活在热带的雨林、沼泽和草原等地，以植物为主食。不过，由于环境被破坏和人类的捕杀，亚洲象已处于濒危状态。

亚洲象在几千年前曾经生活在黄河下游，但现在只在云南的野外有发现。

找一找

你能够发现亚洲象和非洲象的不同之处吗？

亚洲象

非洲象

蒙古野驴

10月1日 秋高气爽的晴天

今天我和爸爸去了内蒙古草原，看到了一种超级酷的动物——蒙古野驴！

在干旱艰苦的荒野戈壁上，蒙古野驴健壮的身影非常显眼，它们长得像马，但是比马矮一些。它们身上的毛是茸茸的，颜色有点像黄土。我还看到它们在吃草，它们好像很喜欢吃草。它们可厉害了，可以在没有水的地方生存好几个月呢！它们还特别灵活、敏捷，可以快速奔跑、随时变向。爸爸说，它们能够适应艰苦的环境。

日记点评

作者熟练地运用对比这一描写方法，拿蒙古野驴和马作对比，拿蒙古野驴的毛与黄土作对比，把蒙古野驴的特点展现了出来。作者还把自己的感受写到日记里，给日记增添了情感色彩。

物种卡片

我们去看看蒙古野驴还有哪些好玩的小知识吧！蒙古野驴被列入《濒危野生动植物种国际贸易公约》，是国家一级保护动物。

名称	分布/栖息	特点	食性
蒙古野驴	干旱荒漠、半荒漠地区	体形高大、四肢修长；能够忍受高温、低温和缺水的环境	喜欢吃植物

蒙古野驴体形高大，四肢修长，身上毛茸茸的，非常可爱。它们擅长奔跑，耐力也非常棒！有时候连耐力出色的狼都赶不上它们。

它们栖息在干旱荒漠、半荒漠地区，能够适应干旱、酷热、严寒、土地贫瘠的恶劣环境。由于人类破坏和环境变化，蒙古野驴正处于濒危状态，我们应该一起保护它们哦！

找一找

你知道蒙古野驴分布在哪里吗？

野骆驼

10月3日 多云间阴

今天我和妈妈去了沙漠，看到了好多饲养的野骆驼！

它们长得非常高大，站着的时候比爸爸还高很多。它们好特别啊！有两个大大的驼峰，还有一对长长的睫毛，像戴了假睫毛一样。我还发现它们的蹄子很大很厚实，可以在沙漠里行走而不受伤。野骆驼非常耐旱，可以在没有水源的情况下生存好几天。可是听说由于人类的破坏和捕杀，现在野骆驼数量稀少，我们要好好保护它们！今天真是充满惊喜的一天啊！

日记点评

作者不仅观察细致，而且比喻句用得恰到好处，将野骆驼描绘得非常生动。日记先对野骆驼的驼峰、睫毛、蹄子进行特写，再介绍它们的习性，逻辑清晰、重点突出。

物种卡片

让我们跟着作者去看看关于野骆驼的小知识吧！野骆驼是国家一级重点保护野生动物，被《世界自然保护联盟濒危物种红色名录》列为极危物种，野生的野骆驼数量稀少。

名称	分布/栖息	特点	食性
野骆驼	我国内蒙古、新疆、青海、甘肃等省（区），以及蒙古国的干旱地区	耐旱性强，驼峰能贮存水分，可以在沙漠里生存	喜欢吃草、树叶、树枝、果实等

野骆驼是一种生活在干旱地区的哺乳动物，它们有两个大大的驼峰和一对长长的睫毛。野骆驼可以在没有水源的情况下生存好几天，这是因为它们的驼峰可以储存大量的水分。

由于环境被破坏和人类的捕杀，现在野骆驼非常珍贵，我们要好好保护它们哦！

找一找

比一比蒙古野驴和野骆驼的身高、大小，它们都是在沙漠中行走的动物，各有什么特点呢？

蒙古野驴：________________

野骆驼：________________

林麝

10月5日 秋高气爽

今天我和爸爸去山里玩，看到了一只小动物，爸爸告诉我它叫林麝。林麝长着一双大耳朵，瞪着圆圆的眼睛，长得非常可爱。

爸爸说，林麝是一种非常神秘的动物，因为它们很少出现在人类的视野中。据说，它们喜欢生活在茂密的森林中，主要吃一些植物的嫩枝叶。林麝是一种夜行性动物，所以我们很难在白天看到它们。不过今天我们运气真好，居然能够看到这么可爱的林麝！

日记点评

日记善于用引用别人说的话和侧面描写来描述林麝的特点和习性，可以让读者更客观地了解这个物种，并且引导人们保护野生动物和自然环境。此外，心理描写让日记生动不少。

物种卡片

林麝在《世界自然保护联盟濒危物种红色名录》中属于濒危等级，在《国家重点保护野生动物名录》中为一级保护动物。林麝是一种珍稀的野生动物，我们要保护它们的栖息地和生存环境。

名称	分布 / 栖息	特点	食性
林麝	中国、越南的山区森林	体形小巧，行动敏捷、灵活，善于隐藏	喜欢吃植物的嫩叶、花蕾

林麝是一种小型哺乳动物，身体长 70～80 厘米，重量只有几千克。它们喜欢生活在山区的森林里，豹、貂、狐狸、狼、猞猁都是林麝的天敌。

麝香就是雄性林麝麝香腺的分泌物。

找一找

小巧可爱的林麝十分善于在丛林中隐藏自己，知道林麝习性的你，能够在这张图中找到隐藏的林麝吗？

印度野牛

10月7日 多云

今天我和家人去了野生动物园，看到了很多有趣的动物。其中最让我惊喜的是野牛！它们好大啊，比我们家的牛还要大好多。它们身上长着茸茸的毛，头上还有两只弯弯的角，看起来好凶猛，真是一头“牛魔王”。我听爸爸说，印度野牛是一种草食性动物，它们喜欢在白天觅食，黄昏、早晨时活动频繁。它们有习惯的路线和区域，喜欢舔食富含矿物和盐分的岩石和泥土。由于数量逐渐减少，印度野牛已经成为易危物种之一，我们要好好保护它们，让它们能够健康地成长和繁衍。

日记点评

日记善于运用比喻，“牛魔王”这一比喻就非常恰当，突出了印度野牛的特点。日记不限于对动物外观的描写，还通过引用的方法讲述了野牛的行动特点和食物喜好，让内容丰富不少。

物种卡片

我们看看关于“牛魔王”还有哪些有趣的知识吧！印度野牛在《世界自然保护联盟濒危物种红色名录》中被列为易危物种，是《国家重点保护野生动物名录》中的一级保护动物。

名称	分布 / 栖息	特点	食性
印度野牛（野牛、野黄牛、白肢野牛等）	南亚、东南亚森林附近和稀树草坡；我国云南也有分布	体形高大，强壮、凶猛	喜欢吃草、树叶、嫩枝

印度野牛因为巨大的体形而出名。公牛体长可达3米左右，肩高达2米左右，体重约800千克，甚至超过1吨。

母牛体长2.6米左右，肩高1.5米左右，体重约600千克。在野外，几乎只有虎能捕猎它们。

找一找

图中有 3 头印度野牛，你能看出来哪只是公牛，哪只是母牛吗?

西藏盘羊

10月5日 晴空万里

今天我和爸爸妈妈一起去了西藏，秋季的高原已经有些干冷。导游带着我们在山上攀爬的时候，我看到了一只很神秘的动物。它有着浓密的长毛，像穿了一件厚厚的毛衣。它还有一对巨大的弯角，就像一只小绵羊变成了鹿角兽！爸爸告诉我，这种动物叫西藏盘羊，是一种生活在高原的野生山羊，它们非常适应缺氧条件。现在它们面临着被猎杀和栖息地被破坏等威胁，所以我们要保护好这些可爱的动物！

日记点评

通过比喻、对比的手法描写西藏盘羊的外貌，令人印象深刻。除了描述西藏盘羊的特点，日记还提到了保护西藏盘羊的重要性，非常具有启发性。

物种卡片

日记里有“巨大的弯角”的西藏盘羊让我们印象深刻，让我们看看这种稀有的动物吧。西藏盘羊被列入《世界自然保护联盟濒危物种红色名录》，是近危物种，还被列入《国家重点保护野生动物名录》，是一级保护动物。

名称	分布 / 栖息	特点	食性
西藏盘羊	喜欢在半开阔的高山裸岩带及起伏的山间丘陵生活	典型的山地动物，体质强健，能适应高寒环境和缺氧条件	以灌木及杂草为食

西藏盘羊是一种生活在高原的野生山羊，它们有着浓密的长毛和巨大的弯角，通常体形较大。

西藏盘羊是高山环境下的特有动物，可以在极端恶劣的环境下生存。它们有季节性的垂直迁徙习性。然而，由于人类活动和环境污染等因素，西藏盘羊正面临着生存威胁。

找一找

西藏盘羊应该去下图中的哪个地方觅食？

藏原羚

10月20日 大风

今天我和家人去了青海旅游，看到了许多野生动物，最让我兴奋的是我们看到了藏原羚！它们长着土褐色的茸毛、长长的角，动作灵活，身姿优美，非常漂亮，最显眼的是它们可爱的白屁股。

在保护区导游的引导下，我们在离藏原羚很远的地方用望远镜仔细观察它们。我看到它们在草地上吃草，还有一些小藏原羚在玩耍。爸爸告诉我，藏原羚是中国特有的珍稀动物，生活在海拔较高的草原上。它们灵活机敏，能够迅速躲避天敌的袭击。我觉得我们应该保护好这些可爱的动物，让它们在自然环境中自由自在地生存。

日记点评

日记记录了一家人发现藏原羚的过程，作者善于使用分点描述这一写作技巧，应用短句，节奏明快地描述了藏原羚的外貌和身姿。

物种卡片

日记中描述的可爱物种藏原羚，生活在我国的甘肃、新疆、西藏、青海、四川，以及其他一些高海拔地区。藏原羚被列入《世界自然保护联盟濒危物种红色名录》，是近危物种，还被列入《国家重点保护野生动物名录》，是二级保护动物。

名称	分布 / 栖息	特点	食性
藏原羚	海拔较高的草原、草甸、荒原	体形较大的高原食草动物之一，擅长奔跑、跳跃	喜欢吃草

藏原羚是一种生活在高海拔地区的野生动物，它们有土褐色的茸毛和长长的角。藏原羚臀部有一块较大的白斑，因此被当地人称为“白屁股”。

找一找

藏原羚和西藏盘羊都是生活在高原的物种，二者有什么不同呢？

藏羚

10月20日 多云、大风

今天，爸爸妈妈带我去了可可西里，这是一个非常有名的自然保护区。导游和我们说，这里是世界上仅有的藏羚繁殖地，不管多远，藏羚妈妈都要千里迢迢来到可可西里，在这里生育。

可可西里的风非常干冷。我们用高倍望远镜远远地观察藏羚，我看到它们在湖边的草场上兴奋地打闹。我还看到它们在草地上吃草，有一头雄性藏羚非常警觉地昂起头，侧耳倾听。我们赶忙压低声音，生怕惊动了它们。

导游说，藏羚非常警觉、胆小，常常隐藏在岩穴里，在平坦的地方也会藏匿。

日记点评

这篇日记进行了感官方面的描写，并综合运用“风非常干冷”“压低声音”等描写，让读者身临其境。

物种卡片

阅读这篇日记后，我们可以感受到作者从望远镜里看到藏羚时激动的心情。藏羚是非常稀有的物种，是《世界自然保护联盟濒危物种红色名录》中的近危物种，也是《国家重点保护野生动物名录》中的一级保护动物。

名称	分布 / 栖息	特点	食性
藏羚（藏羚羊）	主要分布在我国青藏高原，喜欢生活在湖畔、草滩	耐旱力较强，通过植物和雪获得水分	喜欢吃草

藏羚非常适应高原环境。藏羚的茸毛非常细软，质地极佳，曾经是世界最昂贵的皮毛，每千克高达数万美元，这也导致了藏羚被大量猎杀，成为稀有的物种。

藏羚善于奔跑，最高时速可达 80 千米。

找一找

你能区分藏原羚和藏羚吗？二者有什么不同？

中华白海豚

10月4日 晴空万里

今天一大早，我和家人登上渔船，跟着打鱼的叔叔出海。正当我们在红树林附近航行时，常年在海上生活的渔民叔叔突然一脸兴奋地叫起来，还急忙掏出手机拍照：“快看！‘海中大熊猫’！”我疑惑地看，只见不远处有好几只特别漂亮的海豚！它们的皮肤是淡粉色的，也有浅灰色的，身体很光滑。我问了叔叔，才知道它们是中华白海豚。中华白海豚非常珍贵，能够在出海时遇见它们，真是幸运又难忘！

日记点评

通过对渔民叔叔的语言、动作、神态的描写，突出了渔民叔叔发现中华白海豚时的兴奋与激动，从侧面说明了中华白海豚的珍贵。

物种卡片

能够让常年生活在海上的渔民叔叔都感到兴奋的动物，到底是什么样的呢？中华白海豚是一种珍贵的物种，属于哺乳动物，被列入《濒危野生动植物种国际贸易公约》，是《国家重点保护野生动物名录》中的一级保护动物。

名称	分布 / 栖息	特点	食性
中华白海豚	亚热带地区的河流入海口，咸淡水交汇水域	聪明、友善	喜欢吃小鱼、小虾

中华白海豚是非常聪明和友善的动物。

中华白海豚主要栖息在生长着红树林的水道，也喜爱海湾、热带河流入海的三角洲或沿岸、大河的入海口。中华白海豚特别喜欢跟在船后觅食。

找一找

中华白海豚生活在哪里呢？

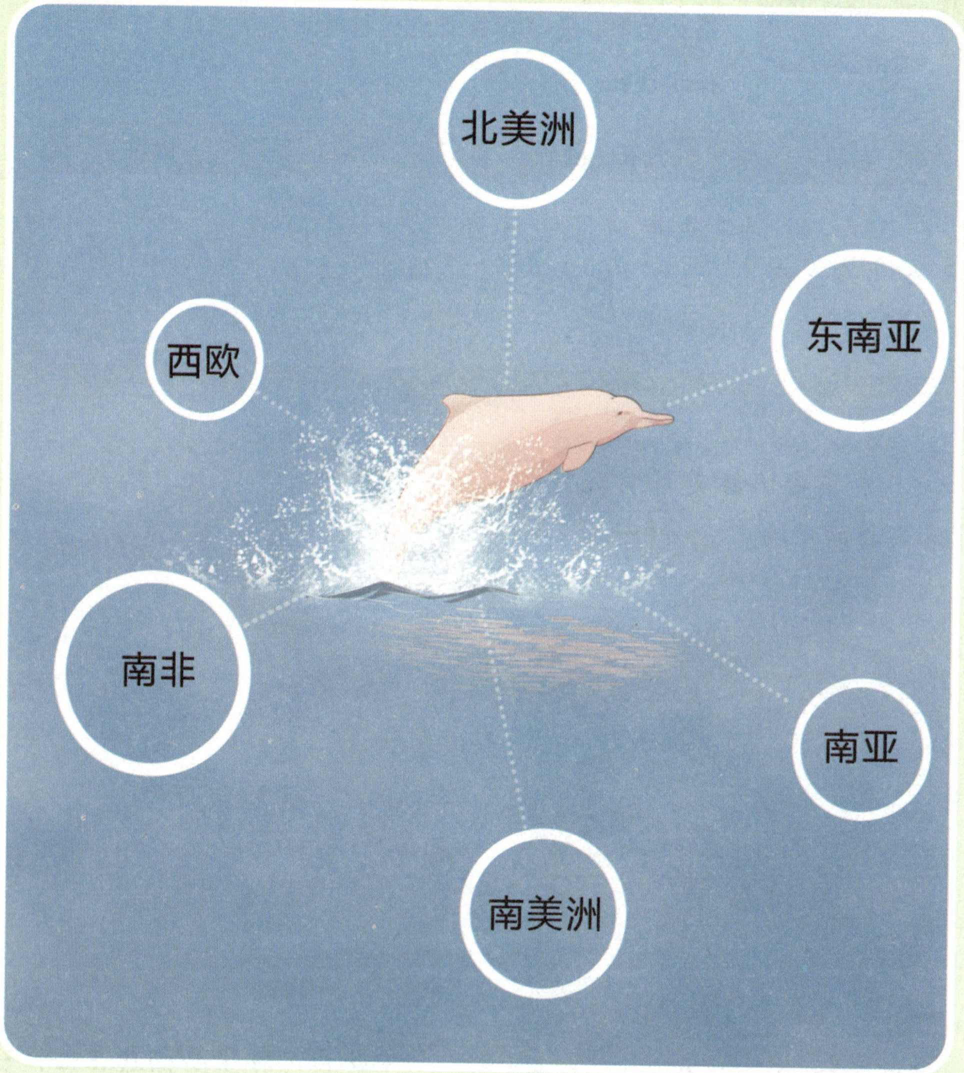

野外观察、记录的装备和工具有哪些呢？

珍稀动物的栖息地通常在野外，做好这些准备，可以让你在野外观测时事半功倍。

1. 动物观察图鉴

2. 迷彩服： 动物生性机警，贸然接近可能会惊扰到它们，衣着应尽量与周围环境一致，避免身上出现过于醒目的色彩、图案，如有条件，迷彩服是最好的选择。

3. 望远镜： 可以清晰地看到远处 。动物通常生活在树上，通过望远镜，我们可在陆地上远距离地观察它们。

4. 迷彩帐篷： 可以躲藏在帐篷里，只露出相机进行拍摄。这样，我们可以在不惊动动物的情况下清楚地观察它们。

5. 双肩包： 用来装在野外必备的物资，比如食物、工具以及生活用品等，以便我们在观察动物时腾出双手。

6. 地图： 重要资料，用来规划路线，避免在野外迷路。

7. 记事本与笔： 随时记录观察动物的时间、地点以及动物的外貌、特点、习性等。

8. 数码相机： 数码相机可以准确记录观测到的动物，作为参考资料使用，并且相片能够长时间保存。

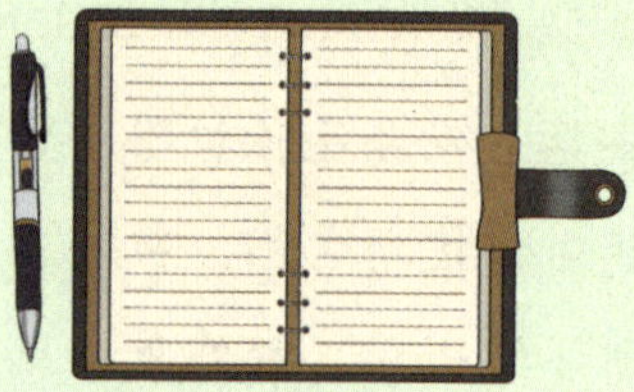

9. 录音笔： 可以用录音笔记录动物的叫声及周围的声音，以便我们进行后续的记录和对动物的栖息环境进行研究。

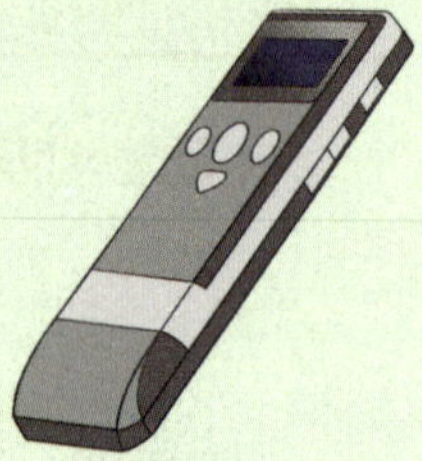

怎样观察动物？

观察它们的各个部分，包括头部、四肢、胸部和尾部等，记录它们的叫声特点、喜欢吃的食物。在观察动物时要注意隐蔽，不要把它们吓跑哦！

稀有物种观察日记

稀有昆虫观察日记

彭麦峰 著 一本书文化 绘

广西科学技术出版社

图书在版编目（CIP）数据

稀有昆虫观察日记 / 彭麦峰著；一本书文化绘 .—南宁：广西科学技术出版社，2024.10

（稀有物种观察日记）

ISBN 978-7-5551-2206-7

Ⅰ．①稀… Ⅱ．①彭… ②一… Ⅲ．①昆虫—少儿读物 Ⅳ．①Q96-49

中国国家版本馆 CIP 数据核字（2024）第 097652 号

XIYOU KUNCHONG GUANCHA RIJI

稀有昆虫观察日记

彭麦峰　著　　一本书文化　绘

责任编辑：罗　风　　责任校对：吴书丽

装帧设计：张亚群　韦娇林　　责任印制：陆　弟

出 版 人：岑　刚　　出版发行：广西科学技术出版社

社　　址：广西南宁市东葛路 66 号　　邮政编码：530023

网　　址：http://www.gxkjs.com　　编辑部电话：0771-5871673

印　　刷：运河（唐山）印务有限公司

开　　本：787 mm×1092 mm 1/16

字　　数：96 千字　　印　　张：6

版　　次：2024 年 10 月第 1 版　　印　　次：2024 年 10 月第 1 次印刷

书　　号：ISBN 978-7-5551-2206-7

定　　价：45.00 元

目录

叶䗛

5月1日　阳光灿烂

假期，我们一家来云南旅游，我很高兴。西双版纳有很多原始森林公园。在森林公园里，我看到许多稀有动物！其中有一种昆虫很会伪装，它藏在树叶里一动不动，不仔细看会以为它是叶子呢。导游说这片“叶子”是一种昆虫，叫作叶䗛（xiū），这种昆虫很稀有。我被这种昆虫深深地迷住了，于是仔细地观察起来。

日记点评

作者准确地抓住了写作的要点，围绕观察对象着重描写其外形特点，最后还通过侧面描写凸显出叶䗛的特别之处。

物种卡片

我们来看一下叶䗛都有哪些特点吧！“叶䗛”是䗛目叶䗛科昆虫的通称。本科在中国共有 10 种，全部属于国家二级保护野生动物。

名称	分布 / 栖息	特点	食性
叶䗛	温暖湿润的雨林，高大的树木上	拟态能力最强的昆虫之一，善于伪装成树叶，甚至可以模拟树叶生病的斑纹、伤痕，使自己看上去和真的树叶几乎一模一样。喜欢藏在树叶背面，不善飞翔	喜欢吃壳斗科、蔷薇科、桃金娘科植物的叶子

不同种类的叶䗛，会根据其父母的遗传，居住在不同的环境中，从而选择不同的保护色。

叶䗛的卵和植物的种子很像。叶䗛妈妈为了让幼虫能够在远一些的地方孵化，会像发射炮弹那样，用腹部末端的产卵瓣把卵弹射到远处的地面，让其自然孵化。

找一找

请找一找叶蝽藏在哪里。

扭尾曦春蜓

7月24日 夏日炎炎

今天早上，爷爷带我去爬山。在一条小溪旁边，一只特别的蜻蜓引起了我的注意。和我见过的蜻蜓不一样，它头很大，圆鼓鼓的。爷爷说它叫扭尾曦春蜓，是一种会抓蝌蚪、小鱼来吃的蜻蜓，现在很罕见，是国家二级保护野生动物。

日记点评

作者抓住了扭尾曦春蜓的外貌特征：头很大，圆鼓鼓的。这就是外形描写。我们在写作时要注意观察，留心稀有物种身上那些引人注目的特征，并记录下来，写到日记里。

物种卡片

扭尾曦春蜓是国家二级保护野生动物，分布在我国的沿海地区，在越南也有分布。它常在没有污染的水塘、溪流附近活动，主要食物是蜉蝣稚虫、蚊类幼虫、蝌蚪、小鱼，还有同类的其他个体。

名称	分布 / 栖息	特点	食性
扭尾曦春蜓	没有污染的水塘和溪流	在幼虫生活的水塘、溪流附近，常能看到成虫飞翔	幼虫在水塘、溪流的砂粒、泥、水草里捕捉食物

扭尾曦春蜓的幼虫从水里爬出，经过几个小时或者几天，体壳硬化后，就能自由地飞翔。

找一找

请找一找扭尾曦春蜓在哪里。

棘角蛇纹春蜓

5月10日 天朗气清

今天下午，爸爸妈妈带我来雁栖湖游玩。我看到一只绿色的蜻蜓正趴在湖边的一块石头上，懒洋洋地晒着“日光浴”。这只蜻蜓穿着翠绿色的外衣，上面还画着黑色的图样，透明的翅膀在阳光下轻轻扇动，美丽极了！我去公园管理处问了工作人员，一位阿姨告诉我，这只蜻蜓叫作棘（jí）角蛇纹春蜓，是国家二级保护野生动物，在北京的许多溪流和水库附近都有它的身影。

日记点评

作者运用了拟人的修辞手法，描写该物种“晒着‘日光浴’”，“穿着翠绿色的外衣”。这样的描写不但使日记富有文采，而且生动地描绘出棘角蛇纹春蜓的生活习性和外形特征。

物种卡片

我们来看看日记写的这种昆虫还有哪些特点值得关注。棘角蛇纹春蜓是国家二级保护野生动物，之所以得名如此，是因为它的腹部花纹很像蛇皮的花纹。它的个头比扭尾曦春蜓更大一些，对生态环境的要求非常高。

名称	分布 / 栖息	特点	爱好
棘角蛇纹春蜓	喜欢住在海拔 1000 米以下的山区河流地带，在北京、河北、内蒙古等地都有它的身影	眼睛是由许多小眼组成的复眼，所以视觉特别灵敏	和其他蜻蜓一样，其幼虫在水中生活。成虫善飞翔，在空中捕捉小昆虫作为食物

棘角蛇纹春蜓是蜻蜓家族中的“飞行专家”，不仅耐力很好，可以适应远途飞行，还会“定点”飞行，就是在空中原地飞行。

棘角蛇纹春蜓还是一种水质环境指示昆虫。因为它的幼虫是在水中生活的，对生存环境要求非常苛刻，所以它居住的地方往往是水质优良、水生植被丰富之地。

找一找

仔细对比，找一找哪一只是棘角蛇纹春蜓。

中华缺翅虫

5月28日 小雨

今天，老师带我们来参观昆虫博物馆。我认为最有趣的昆虫是中华缺翅虫。它没有翅膀，个头也特别小，就像一颗褐色的大米粒。如果不仔细观察，几乎看不清它的样子。在一片茂密的植物下面，透过放大镜，我看到许多中华缺翅虫忙碌地爬来爬去，还时不时用触角和它的小伙伴们打招呼。工作人员介绍说，中华缺翅虫是我国独有的物种，也是国家二级保护野生动物。

日记点评

作者运用了比喻的修辞手法，把中华缺翅虫比作褐色的大米粒，巧妙地抓住了中华缺翅虫小而无翅、晶莹剔透的特征，十分生动，让人对中华缺翅虫的外形有了更加深刻的印象。

物种卡片

中华缺翅虫是国家二级保护野生动物。它喜欢生活在树叶繁茂、温暖潮湿的树皮下或者土壤中，单个或者集群生活。1973 年，我国生物学家黄复生教授首先发现了它，并正式命名。

名称	分布 / 栖息	特点	食性
中华缺翅虫	中国西藏，雨林地带的树皮下或土中	非常小，成虫体长只有 0.3 ~ 0.4 厘米；头部较大，呈三角形；触角像两串珠子；幼虫近似透明，成虫呈深褐色	主要以真菌的孢子和螨虫为食

中华缺翅虫是一种古老而特化的类群，分布范围非常狭窄，主要分布在我国西藏。因为它们体形很小，非常不起眼，所以在观察它们的活动时，经常要用到放大镜。

虽然名字中有“缺翅”，但是少数中华缺翅虫拥有两对翅膀，前翅稍大，后翅较小。不过，它们的翅膀只是摆设，它们并不会飞。中华缺翅虫的行动非常灵活，甚至还善于急停和随时转向。

找一找

请找一找哪种环境是中华缺翅虫栖息的地方。

墨脱缺翅虫

5月29日 天气晴朗

今天，我来到西藏墨脱。这里的丛林里居住着一种神奇的昆虫——墨脱缺翅虫。这是一种很罕见的昆虫，因为它只居住在我要西藏的密林深处，这里气候温和，雨量充沛，人类活动极少，很适合它生活。墨脱缺翅虫的外形很像蚂蚁，颜色也是褐色的，看起来很不起眼。它的脸上长着长长的触须，像是老爷爷的长胡子。它的尾巴上长着一对坚硬的角，仿佛是战斗的武器。和中华缺翅虫一样，墨脱缺翅虫也只在西藏被发现，它们都被列为国家二级保护野生动物。

日记点评

作者多次运用了比喻的修辞手法，既把墨脱缺翅虫的触须比作老爷爷的长胡子，又把其尾巴上的角比作战斗武器，生动地描写出墨脱缺翅虫的外貌特征。

物种卡片

这里还有些背景知识可以学习，一起看看吧！墨脱缺翅虫是缺翅目缺翅虫科的昆虫，由生物学家黄复生教授1974年在我国西藏墨脱首先发现。这是一种古老的物种，属于原始稀有昆虫。

名称	分布 / 栖息	特点	食性
墨脱缺翅虫	在西藏墨脱、波密的雨林中，喜欢在树皮、腐殖土中生活	非常小，成虫体长只有0.3 ~ 0.4厘米。部分雌性有翅。成虫经常通过舔舐身体的各个部位来给自己“洗澡”	喜好群居生活，以小型节肢动物和真菌的孢子等为食

当生存环境恶化时，墨脱缺翅虫会迅速分化出有翅的个体，用翅膀助力，到更远的地方生存。

找一找

下面哪些是墨脱缺翅虫的食物呢?

中华蛩蠊

5月30日 阳光明媚

今天，爸爸妈妈带我来爬长白山。在景区展厅里，我看到了国家一级保护野生动物中华蛩（qióng）蠊的标本。它是一种特别的昆虫，外形像蚂蚁，个头也小小的，大约有一厘米长。它的全身呈棕黄色，身躯细长，头上长着两根线一样的触须。它的尾巴有点像蟋蟀的尾巴，长着两根短短的须。爸爸说，这是一种很罕见的昆虫，从虫卵长大为成虫，至少要经历五年的时间。它们喜欢寒冷的环境，只在高山上生活。要是能亲眼看看它们，该有多好呀！

日记点评

作者将中华蛩蠊的外貌特征描写得十分细致，从整体的外形，到个头的大小，再到细微的触须，最后到尾巴，向读者展现了一只栩栩如生的中华蛩蠊标本，整体结构非常流畅。

物种卡片

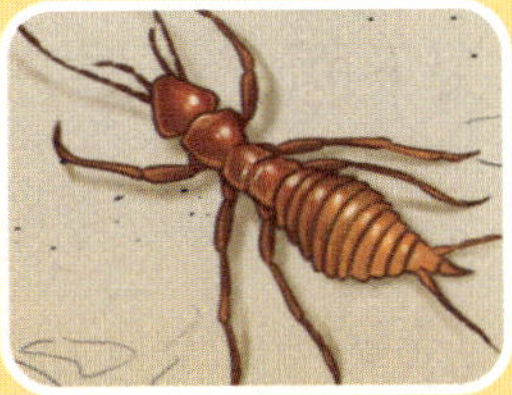

中华蛩蠊是国家一级保护野生动物。1986 年 8 月 28 日，动物研究专家王书永在长白山区科学考察时发现了它，并命名为中华蛩蠊。

名称	分布 / 栖息	特点	食性
中华蛩蠊	长白山低温环境里，气候冷湿地区的岩石、缝隙中，树林枯枝落叶间，有时也在冰雪表面或冰洞中出现	成虫体长 1 厘米左右，身体细长，背面和头部呈棕黄色，胸部没有翅膀，尾巴处有长而分节的尾须。雌虫具有形状像刀剑一样的产卵器	杂食性昆虫，喜欢夜间觅食，以苔藓或小型昆虫为食

中华蛩蠊是渐变态发育，从虫卵到孵化需要 1 年，需要 5 到 8 年才长大成为成虫。中华蛩蠊对温度的要求很苛刻，最适宜在温度为 0℃左右的环境中生存。当环境温度超过 16℃时，其死亡率显著提高。

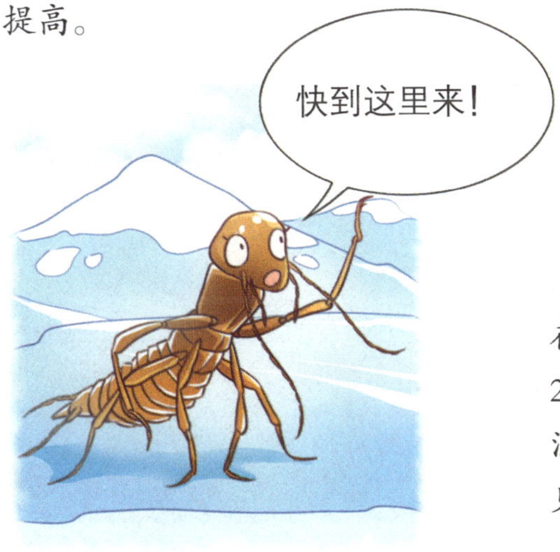

在我国，中华蛩蠊主要分布在吉林长白山、新疆阿尔泰山海拔 2000 米靠近湖沼、融雪或水流的湿润地区。因此，中华蛩蠊是一种罕见的昆虫。

找一找

中华蛩蠊生活在哪里？在砂砾地里，石头下面，还是在树上呢？

陈氏西蛩蠊

6月2日 风清气爽

今天，学校组织大家参观了动物研究所。在那里，我见到了国宝级动物的标本——陈氏西蛩蠊标本。老师告诉我们，蛩蠊不仅在野外罕见，全世界范围内收藏有蛩蠊标本的博物馆也是屈指可数。陈氏西蛩蠊的身体细长，穿着黄褐色的衣服，身上长有六条腿，前腿纤细短小，后腿粗壮有力。它的头部像一个小小的三角形，身体一节一节的，腿上和触须上还有细小的绒毛，像个外星生物一样。

日记点评

“屈指可数”意思是扳着手指就可以数清楚，形容数量稀少，这里用词准确，值得表扬。我们在运用不熟悉的成语的时候，要记得查阅资料，弄懂用法，这样才不会闹出笑话。

物种卡片

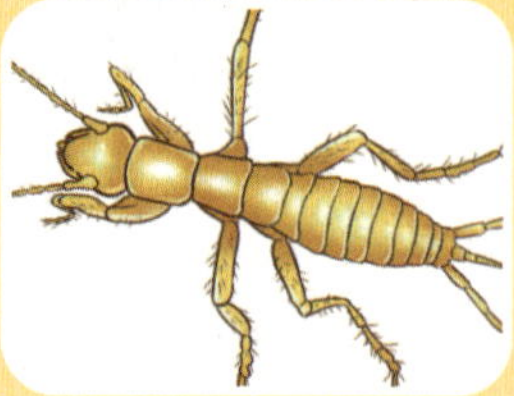

看看这个“外星生物”还有哪些特点。陈氏西蛩蠊，2009 年在我国新疆阿尔泰山区首次被发现，是在我国发现的第二种蛩蠊，也是西蛩蠊属的第 3 个种。

名称	分布 / 栖息	特点	食性
陈氏西蛩蠊	仅在北纬 33° ~ 60° 寒冷的高山和高原上分布，居住在靠近冰川和融雪地带的水源附近	善于爬行，动作敏捷。喜欢在石缝、朽木下、洞穴中休憩	杂食性昆虫，以苔藓和小型昆虫为食

陈氏西蛩蠊是渐变态发育，它的卵孵化需要 1 年，若虫期约 8 个月，要经历 5 年左右才发育为成虫。它的翅膀已经完全退化。它仅可以在低温环境下生存，但如果环境温度低于 0℃，它会因体内水分结晶而死亡，这导致了其种群扩散能力弱，难以大面积繁衍。

我国目前已知的蛩蠊只有中华蛩蠊和陈氏西蛩蠊两种，它们都是国家一级保护野生动物。全世界已经发现了超过 100 万种昆虫，但是已发现的蛩蠊只有 29 种。在世界范围内，蛩蠊也是非常珍稀的昆虫。

找一找

哪一种是陈氏西蛩蠊爱吃的食物？

中华旌蛉

6月3日 晴天

今天，我和爸爸妈妈到怒江两岸的云南高黎贡山旅游。傍晚时分，我看到一只仙气飘飘的飞虫。它长得既像蝴蝶，又像蜻蜓，拖着长长的飘带，忽闪着美丽的翅膀在空中舞蹈，最后落在一朵花上吸取花蜜。它的前翅宽大，上面绘着黑黄相间的花纹，后翅像是两条细细的飘带。它的身体一节一节的，十分苗条。妈妈告诉我，这是本地特有的昆虫——中华旌（jīng）蛉（líng），是国家二级保护野生动物。

日记点评

作者运用了比拟的修辞手法，没有直接把飞虫比作仙女，而是借仙女身上的飘带来描写飞虫的翅膀，让我们感觉中华旌蛉仿佛仙女一样在空中曼舞，非常生动！

物种卡片

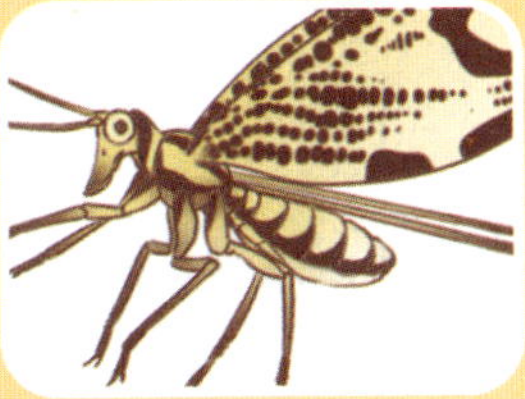

看看关于中华旌蛉的知识还有哪些。中华旌蛉是我国目前唯一发现的旌蛉科昆虫。1986 年，我国著名昆虫分类学家杨集昆首次发表了中华旌蛉的标本记录。中华旌蛉飞行时后翅舞动，像是敦煌壁画中的飞天，所以被称为昆虫界的“仙女”。

名称	分布 / 栖息	特点	食性
中华旌蛉	仅在云南泸水发现，幼虫生活在植物根系周边的沙土下	成虫后翅特化为丝带状或叶状，大约是前翅的两倍长，具有伪装、平衡和控制体温等功能	成虫以花蜜、鲜嫩花叶为食，幼虫捕捉小型昆虫为食

中华旌蛉为变态发育，幼虫身体扁平，长着长长的“脖子”，头部有钳状的触角。其擅长用沙土掩盖自己，趁猎物不注意时，突然出击，抓住猎物并注射具有麻痹效果的毒液。

中华旌蛉的口器呈喙状，像是鸭嘴，方便进食，所以也被戏称为“鸭嘴仙女”。

找一找

请帮助中华旌蛉的幼虫找到它的妈妈。（连线题）

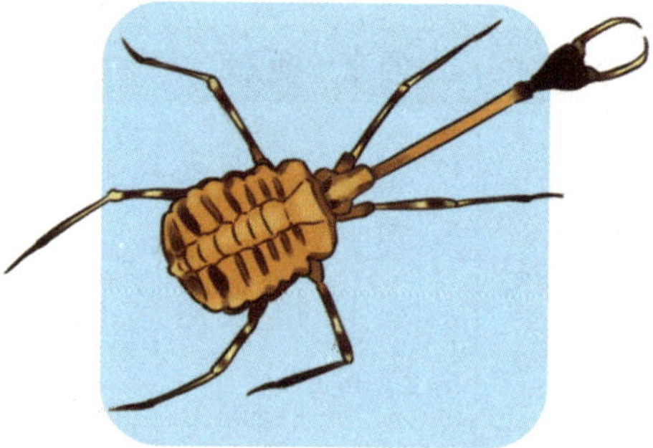

拉步甲

6月10日 阳光明媚

今天，学校组织我们到植物园参观。在一片草丛中，我们发现了一只大甲虫。它的个头有三四厘米长，像我的小拇指一样长，头和身体很小，拖着大大的肚子。它的头和胸部是红色的，大肚子是绿色的，浑身泛着金色的光，在阳光下十分耀眼。它的后背上有很多凸起的条纹，像是一串串宝石。老师说："这种昆虫叫作拉步甲，是国家二级保护野生动物，因为色彩艳丽，也叫艳步甲。它会释放毒液来防御敌人，大家千万不要触摸它。"

日记点评

作者在刻画拉步甲的特征时十分细致，把它的个头、头部、胸部、肚子和后背都描写了一遍。我们在写作的时候，也要按照观察的先后顺序进行描写，这样才不会让人觉得凌乱。

物种卡片

虽然不能触摸拉步甲，但我们可以了解它的这些知识点。拉步甲是步甲科大步甲属昆虫，是国家二级保护野生动物，是我国特有物种。它的头部和前胸背板多呈绿色带金黄或金红光泽。

名称	分布 / 栖息	特点	食性
拉步甲	生活在海拔 1500 ~ 2400 米的山间，主要分布在我国辽宁、河南、四川、福建、江西等地。幼虫主要生活在浅土层中，成虫生活在落叶、草丛和松土中	会释放毒液来防御敌人。成虫的毒液对皮肤和黏膜有强烈的刺激性，会使皮肤起疱。体长 3.4 ~ 3.9 厘米	幼虫喜欢捕食蜗牛、蛞蝓等软体动物。成虫一般夜晚捕食，主要食物有蚊、蝇等双翅目昆虫和蜗牛等小型软体动物

拉步甲是完全变态类昆虫，它的成长分为卵、幼虫、蛹、成虫四个阶段。

拉步甲会释放毒液来防御敌人。当成虫受到侵害时，其臀腺会释放含有蚁酸或苯醌的防御物质。蚁酸能刺激皮肤起疱，苯醌对皮肤和黏膜有强烈的刺激性。

找一找

拉步甲藏在哪里？

硕步甲

8月18日 炎炎夏日

放暑假了，爷爷带我来农田里看庄稼。突然，我看到一只甲虫迅速地从稻田里爬出来，急匆匆地钻进了树林里。爷爷告诉我，它叫硕步甲，是国家二级保护野生动物，擅长捕捉害虫，是一名优秀的“庄稼卫士”。我耐心地等了一会儿，便见它从一片落叶下探出了头。它的头上长着两根长长的触角，身子前小后大，后背是蓝色的。它的腹部盖着坚硬的盔甲，上面有一串串小小的凸起，看起来像姐姐的长辫子。

日记点评

作者运用了比喻的修辞手法，把硕步甲腹部背板上凸起的花纹比作姐姐的长辫子，向我们刻画出硕步甲鲜明的特征。我们要注意，在使用比喻的修辞手法时，所选择的喻体必须足够形象。

物种卡片

硕步甲是我国特有的物种，是国家二级保护野生动物，又叫大卫步甲。成虫体长 3 ~ 4 厘米，体宽 1 ~ 1.4 厘米，背部多为蓝紫色，甲壳上具成列的刻点。硕步甲主要分布于我国东部的浙江、福建、江西，以及南部的广东等地。

名称	分布 / 栖息	特点	食性
硕步甲	住在砖石、落叶下或较浅土层中。成虫在 2 ~ 3 厘米深的土壤中产卵，孵化后的幼虫也生活在土壤中	“虫如其名”，硕步甲非常善于行走，成虫和幼虫都活动敏捷，堪称昆虫中的“竞走健将”	幼虫喜食蜗牛、蛞蝓等软体动物。成虫捕食蜗牛等软体动物和苍蝇、蝗虫等小型昆虫

硕步甲是凶猛的肉食性昆虫，被称为昆虫中的“猎豹”。硕步甲喜欢白天藏在石块下、枯叶或草丛中，黄昏时分出来狩猎。

硕步甲不善飞翔，主要在地表活动，或者在土壤表层挖掘隧道活动。一般 1 ~ 2 年完成 1 代，成虫或幼虫形态均可以过冬。

找一找

硕步甲和拉步甲有什么不一样呢？

中华两栖甲

6月25日 夏日炎炎

今天，老师布置了一项作业，让我们观察一种在本地生活的物种。我的观察对象是中华两栖甲。它是长白山上特有的物种，是一种两栖甲虫。书上说，它是水生甲虫和陆生甲虫的过渡物种，因此也被称为甲虫中的“活化石”。它的个头不大，和一枚一元硬币差不多。它浑身都是褐色的，后背上点缀着白色的斑点，这也是它的保护色，不起眼的颜色让它很容易和枯叶、树皮混在一起，避免被天敌发现。

日记点评

作者运用了类比的修辞手法，把中华两栖甲的个头和一元硬币的大小做比较，巧妙地描写出这种昆虫的大小，比直接列举数字更加生动直观。从这处细节描写可以看出作者观察之细致。

物种卡片

中华两栖甲属于两栖甲科。这一科的物种在全世界仅有5种，我国分布有2种，分别是中华两栖甲和大卫两栖甲；北美洲西部分布有3种。

名称	分布 / 栖息	特点	食性
中华两栖甲	分布在吉林长白山的寒冷激流中	两栖甲演变历史悠久，是一个孑遗类群，起源于两亿多年前的三叠纪，这也是恐龙崛起的时期	喜欢捕食水中其他昆虫的幼虫

中华两栖甲属于国家二级保护野生动物，和分布在四川西部的大卫两栖甲均被列入《有重要生态、科学和社会价值的陆生野生动物名录》，也就是俗称的“三有”动物。

昆虫学家研究发现，中华两栖甲和北美的两栖甲种类接近，和大卫两栖甲不接近，这被认为是北美板块和亚洲板块在远古时期曾有接触的一项证据。

找一找

中华两栖甲在哪里？

上帝巨蜣螂

7月3日 阴有微风

放暑假啦！爸爸妈妈带我来西双版纳的热带雨林游玩。我们参观了野象谷，见到了巨大的亚洲象。在亚洲象的住处，我看到一位特殊的“客人”。它的外形十分炫酷，浑身黑漆漆的，像个缩小版的变形金刚。它的头像个大铲子，还长了一对有力的犄角；背上还有一只尖尖的角，看起来像犀牛的角，仿佛是用来战斗的长矛。导游告诉我们，这是上帝巨蜣螂，是屎壳郎的一种，会分解亚洲象的粪便，所以它是亚洲象的好朋友。

日记点评

作者运用了比喻的修辞手法，抓住了上帝巨蜣螂外形炫酷、背角锋利的特点，把其外形比作变形金刚，背角比作用来战斗的长矛，形象地刻画了上帝巨蜣螂的外貌特点，使文章妙趣横生。

物种卡片

上帝巨蜣螂可不是一般的蜣螂，它也叫大王象粪蜣螂或上帝粪蜣，是国家二级保护野生动物。在我国主要分布在云南西双版纳，在印度、马来半岛等地也有分布。

名称	分布 / 栖息	特点	食性
上帝巨蜣螂	成虫生活在东南亚地区的热带雨林中	上帝巨蜣螂是蜣螂中的“大块头”，雄虫体长可达 7 厘米。雌虫会将粪便滚成梨子状，并把卵产在其中	成虫以亚洲象的粪便为食

生活在热带雨林中的亚洲象每天会产生大量的粪便，上帝巨蜣螂的劳动可以加速亚洲象粪便的分解，使其成为可供其他生物利用的物质，让土壤更加肥沃。

全世界共发现 2 万多种蜣螂。蜣螂大多以粪便为食，有“大自然的清道夫”之称。蜣螂被认为是自然界中最有力量的昆虫，它可以推动相当于自身重量 1000 倍重的物体。

找一找

上帝巨蜣螂的食物在哪里？

安达刀锹甲

8月5日 天气晴朗

今天，我和朋友一起去郊游。我们来到水库旁的草地上野炊，草丛中一只巨大的甲虫引起了我们的注意。它个头和我的手掌差不多大，全身覆盖着褐色的盔甲，前额长了两根有力的触角，像是准备出征的大将军。我们请教了水库的管理人员，他告诉我们："这种甲虫叫作安达刀锹甲，是国家二级保护野生动物，每到繁殖期，头顶上的两只大钳子就是它的作战武器。"

日记点评

作者在日记开头把安达刀锹甲比作准备出征的大将军，结尾处把它的钳子比作作战武器，通过细致的刻画和描写，使安达刀锹甲威风凛凛的形象跃然于纸上。

物种卡片

安达刀锹甲不仅外观霸气，而且稀有，被列为国家二级保护野生动物。安达刀锹甲也叫安达大锹，分布在我国的西南部和南部地区，在印度及东南亚国家也有分布。雄虫体长最长可达 9.32 厘米，属于锹甲科动物中的大型品种。

名称	分布 / 栖息	特点	食性
安达刀锹甲	幼虫在腐木、土壤中孵化	成虫以夜间活动为主，有趋光性，个别种类也在白天活动	成虫以植物汁液、花蜜、果实等为食，幼虫以朽木和腐殖质为食

锹甲拥有咀嚼式口器，包括上唇、上颚、下颚、下唇和舌五个部分。上颚是锹甲切碎食物的重要器官，也是雄虫的作战武器。因此，大部分锹甲在进化过程中上颚巨大化，一些种类的雄性锹甲甚至因此丧失了咀嚼能力，只能吸食食物。一般雌性个体的上颚比雄性个体的小。

安达刀锹甲只有在合适的温度下才会交配产卵，它的繁殖期十分短暂，一般在 5 ~ 9 月活动，7 ~ 8 月是最活跃的时期。

找一找

下图中安达刀锹甲爸爸、妈妈、孩子分别是哪只？

巨叉深山锹甲

5月1日 晴

今天，我跟爸爸妈妈一起来武夷山爬山啦！山上风景很好，听学习生物的表哥说这里生活着稀有的巨叉深山锹甲，真让我期待！在爬山的过程中，我们的眼前突然飞来一只长着巨大“钳子”的甲虫，它停留在一棵大树上。这只甲虫个头挺大，威武帅气！它全身呈棕黑色或暗红色，略有光泽，腿节中部呈黄色。我们都对它特别好奇，爸爸赶忙拿手机拍照查询了一下，确定了它的身份，原来这就是巨叉深山锹甲。我第一次看见这种昆虫呢，我可太开心啦！

日记点评

作者细致地描写了巨叉深山锹甲的体貌特征，并且在描写其飞行过程和外貌特征时，不断抒发自己对巨叉深山锹甲虫的喜爱之情，增强了文章的感染力。

物种卡片

看看还有哪些关于这只威武的甲虫的知识。巨叉深山锹甲属于锹甲科，是我国南方地区常见的深山属锹甲，是我国大型锹甲之一，是国家二级保护野生动物。

名称	分布 / 栖息	特点	食性
巨叉深山锹甲	分布于我国福建、广东、海南、四川、广西、浙江等地，栖息于树桩上	体长 4.9 ~ 9 厘米，整个身体呈棕色，体形较细长，通常体表不被毛。成虫多在夜间活动，有趋光性，也有白天活动的个体	成虫以树叶、树木、汁液、花蜜为食，幼虫以腐殖质为食

巨叉深山锹甲生性好斗，是一种进攻性很强的昆虫。它们在遇到困难时会直接回击，根本不会退缩。

巨叉深山锹甲雄虫最突出的特点就在于其上颚细长弯曲且多齿。巨叉深山锹甲虽性情暴躁，但吃得却很清淡，主要以树木汁液、树叶和花蜜等为食。

找一找

下图中的巨叉深山锹甲哪一只是雄虫，哪一只是雌虫？

戴氏棕臂金龟

6月30日 凉风习习

今天，学校组织我们到农业大学的实验室参观。在这里，我见到了各种各样的农作物和昆虫，其中有一种罕见的昆虫——戴氏棕臂金龟。它的外形像个橡子，是长圆形。它的甲壳像是褐色的古玉，十分精致。它的个头小小的，趴在土地上几乎难以被发现。它大大的脑袋上长着细细的绒毛，对称的甲壳镶着黑色的描边。农业专家告诉我们，这种金龟数量稀少，是国家二级保护野生动物，也是“三有”动物。

日记点评

作者连续使用了两个比喻句，把戴氏棕臂金龟的外形比作橡子，把甲壳比作古玉，抓住了其形状和颜色的特点，十分形象，且每个比喻句后面都附带一句细节描写来进行修饰，避免了句子出现“头重脚轻”的情况。

物种卡片

戴氏棕臂金龟，又名戴褐臂金龟、戴褐长臂金龟、大卫姬长臂金龟，其体形像葫芦。雄虫体形通常比雌虫的大。

名称	分布 / 栖息	特点	食性
戴氏棕臂金龟	成虫将卵产在土壤中，卵在土中孵化	成虫有趋光性，喜欢黄昏时分活动。雄虫活跃期为 2 ~ 4 周，雌虫的活跃期稍长	成虫吸食树木汁液和果实，幼虫以腐殖质为食

戴氏棕臂金龟是我国特有种，包括2个亚种，分别是指名亚种和福建亚种。指名亚种分布在江西、福建等地，福建亚种仅分布在福建。

戴氏棕臂金龟指名亚种和福建亚种外形略有差别。前者身体呈黄褐色，后者的呈红褐色；前者的前足胫节绒毛退化，绒毛较少，后者的绒毛较多；前者鞘翅上有黄褐色斑纹，后者的有红褐色斑纹。

找一找

请圈出两种戴氏棕臂金龟的不同之处。

格彩臂金龟

5月1日 多云

今天，我在家里跟爸爸一起看电视。电视节目中讲到了全球气候变暖的问题。爸爸跟我讲，全球气候变暖会带来很多的问题，很多动物的生存会受到影响，比如现在在我国北方就发现了原本应该生活在南方的格彩臂金龟。我好奇地问爸爸："什么是格彩臂金龟？"爸爸告诉我，格彩臂金龟是一种彩臂金龟属昆虫，是国家二级保护野生动物。它色彩艳丽，主要生存在我国云南、广西这些温暖的西南部和南部山区。但因为全球气候变暖，在四川、甘肃等地也有发现。我听了后，十分担心，希望全球气候变暖问题能够赶快得到解决！

日记点评

作者运用了以小见大的写作手法，在介绍格彩臂金龟的相关知识时，借格彩臂金龟的栖息问题，深切地表达了自己对全球气候变暖的担忧，立意非常深远。

物种卡片

生活在温暖南方的格彩臂金龟属于金龟科彩臂金龟属。它体长约 6 厘米，宽约 3.5 厘米。被列为国家二级保护野生动物。

名称	分布 / 栖息	特点	食性
格彩臂金龟	活动于印度东北部、越南南部、缅甸、泰国、老挝，以及中国云南、广西	身体呈椭圆形。前胸背板呈古铜色，泛绿紫光泽；鞘翅上有许多不规则的黄褐色斑点，有些斑点中有黑褐小点；其余体表呈金紫色	幼虫以腐朽木材为食，成虫以树木伤口流出的汁液为食。成虫一般在夜晚活动，有较强的趋光性

格彩臂金龟主要在热带和亚热带森林活动。它的幼虫期比较长，可达 1 年多。幼虫主要以腐朽树木为食。在羽化为成虫后，它的生命也将进入倒计时，仅有月余的存活时间。

成虫喜欢待在潮湿土壤中或靠近水源的地方，平时也会在土中挖挖地道，在遇到危险时会装死逃生。

找一找

仔细看，格彩臂金龟在哪里？

阳彩臂金龟

5月28日 晴

我和爸爸妈妈在树林中散步时，突然感觉眼睛被闪了一下。定睛一看，树枝上竟趴着一只巨大的甲虫！它浑身散发着金属光泽，仿佛穿了一身暗绿色的铠甲。它头盔的颜色比铠甲的鲜艳得多，似乎是金绿色的。我伸手想去碰碰它，它竟迅速地从树干滑下，钻进地上厚厚的落叶丛中去了。这时，我才发现，它的前肢竟然比身体还要长。爸爸告诉我，这是中国最大的甲虫——阳彩臂金龟。

日记点评

作者对阳彩臂金龟的观察非常仔细，不但生动地把它散发金属光泽的外壳比作暗绿色的铠甲，而且非常细致地描写出它头部和身体颜色不同、前肢比身体长的特点，非常棒！

物种卡片

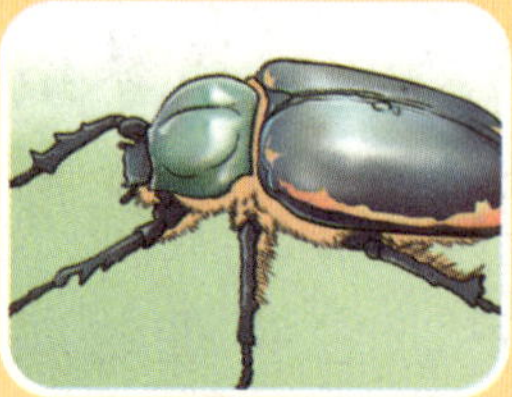

让我们一起学习阳彩臂金龟的其他知识吧！阳彩臂金龟属于鞘翅目臂金龟科，是国家二级保护野生动物，中国特有种，被列入《世界自然保护联盟濒危物种红色名录》。它分布于中国福建、广东、四川，以及越南、缅甸北部、老挝等地。

名称	分布/栖息	特点	食性
阳彩臂金龟	热带、亚热带的常绿阔叶林或常绿落叶阔叶混交林中	中国最大的甲虫。最大的特点是前肢比身体长得多。前肢长度可达10厘米，身体长度仅仅6厘米左右，是名副其实的“猿臂”	喜食腐烂食物

阳彩臂金龟喜食腐烂食物，雌虫往往将卵产在腐朽木屑土中，这样可以为后代提供良好的生存环境。阳彩臂金龟对生态环境要求比较高，它的出现往往标志着所在区域的生态环境较好。

找一找

阳彩臂金龟喜欢的食物在哪里？

戴叉犀金龟

7月15日 阳光明媚

今天，我和爸爸妈妈一起爬山。在一棵大树下，我看到一只黑色的大甲虫正趴在树根上休息。妈妈告诉我，这只甲虫叫作戴叉犀金龟，是一种罕见的国家二级保护野生动物，让我仔细观察它。戴叉犀金龟披着黑色的硬甲，六只脚紧紧抓着树根。在阳光的照耀下，它的甲壳反射出闪亮的光泽。它的脑袋前长着一对犄角，胸背中央有一个犀牛角一样的尖角。它就像一个穿戴着盔甲和头盔的将军一样威风凛凛。

日记点评

作者运用了比喻的修辞手法，把戴叉犀金龟比作穿戴盔甲的将军，生动地刻画了戴叉犀金龟的外形特点，形象而贴切，体现了作者对戴叉犀金龟的喜爱之情。

物种卡片

戴叉犀金龟雄虫体长 2.3 ~ 5.5 厘米，前胸背板中央有一个凸起的尖角；雌虫体长 1.2 ~ 3.2 厘米，前胸背板有明显凹坑。

名称	分布 / 栖息	特点	爱好
戴叉犀金龟	幼虫生活在木头、腐殖土中，成虫生活在山区的山林中	成虫多于 7 月中旬至 8 月中旬在野外出现，喜欢夜间活动，趋光性强	幼虫以腐殖质为食，成虫喜欢吸食树木汁液和新鲜果实

戴叉犀金龟（也称大卫独角仙）生活在我国福建、湖南、江西、浙江，越南北部也有一定的分布。成虫每年发生期通常为 7 月中旬至 8 月旬，具有较强的趋光性。它和双叉犀金龟（独角仙）是近亲，但它的翅膀更坚硬，体形更短圆，体色漆黑。

戴叉犀金龟的啃食能力极强，喜好吸食树木汁液，甚至可以导致大树死亡。严格意义上来说它属于害虫，然而由于它的数量稀少，因此也被列为保护动物。

找一找

戴叉犀金龟和双叉犀金龟有什么不同?

细角尤犀金龟

6月12日 阳光明媚

今天，我和爸爸在西双版纳的树林中徒步旅行。因为在出发之前，我们定下了一个小目标——在林中找到珍稀的细角尤犀金龟，所以在树林里，我瞪大了眼睛，仔细地到处寻找。虽然细角尤犀金龟背部是亮眼的黄褐色，但在茂密的竹林中，可真是不好找呢！就在我准备放弃的时候，突然看见竹林中的一处草丛微微动了一下。我轻轻拨开草丛一看，一只细角尤犀金龟正趴在一块石头上呢。真是“山重水复疑无路，柳暗花明又一村”啊！

日记点评

作者详细描写了自己在竹林中寻找细角尤犀金龟的经过，结尾还引用宋代诗人陆游的诗句，来表达自己久久寻觅，最终发现细角尤犀金龟的那份狂喜，值得点赞！

物种卡片

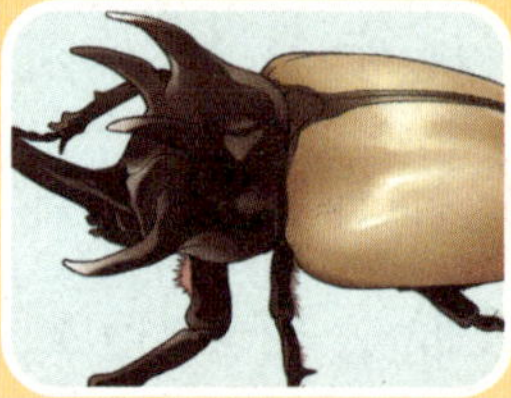

学习知识其实也是“柳暗花明”的过程呢！看看还有哪些关于细角尤犀金龟的知识。细角尤犀金龟属于鞘翅目犀金龟科，是国家二级保护野生动物，分布于我国云南的西双版纳、澜沧、高黎贡山等地。

名称	分布 / 栖息	特点	食性
细角尤犀金龟、五角犀金龟	喜欢生活在竹林中	背部呈草黄色或黄褐色；头、胸部共有五个角，其中头部的角弯曲且长，形似犀牛的角	幼虫喜食含有竹叶的腐叶土

细角尤犀金龟是一种数量十分稀少的昆虫，共有五个亚种。它外形奇特，因头、胸部共有五个角，也被称为五角犀金龟。

找一找

细角尤犀金龟在哪里？

粗尤犀金龟

6月12日 阵雨

和家人在云南旅行时，我在树林中看到一只巨大的甲虫趴在树的伤口处吸食汁液。我惊喜地大喊：“妈妈，快看，这只细角尤犀金龟正在吸食树的汁液呢！”妈妈走过来，摸了摸我的头，说：“你再认真看看，这是细角尤犀金龟吗？”我努力回想了一下细角尤犀金龟的外形，果然与这只的不同。细角尤犀金龟身体是黄褐色的，而这只甲虫身体是黑色的且周围有一圈金色的边。“妈妈，这只甲虫叫什么呀？”“这是粗尤犀金龟，是细角尤犀金龟的亲戚！”“原来如此，难怪它们长得这么像呢！”

日记点评

作者用简练的语言记叙了一个自己将粗尤犀金龟误认为细角尤犀金龟的小故事，且运用了对比的修辞手法，在与细角尤犀金龟的对比下，粗尤犀金龟的特点更加明显啦！

物种卡片

和细角尤犀金龟一样，粗尤犀金龟也属于鞘翅目犀金龟科，是国家二级保护野生动物。分布于中国云南，以及尼泊尔、不丹、越南等地。

名称	分布 / 栖息	特点	食性
粗尤犀金龟	温暖湿润的山林中	与细角尤犀金龟一样，头、胸部共有五个角，只是角更粗短一些，身体主要呈黑褐色	果实、树木的汁液

粗尤犀金龟共有两个亚种，一个为指名亚种，鞘翅颜色多为深棕色；另一个是金边亚种，鞘翅边缘为棕色，仿佛为其镶了一条金色的边，故得名。

找一找

找一找下面哪一只是细角尤犀金龟，哪一只是粗尤犀金龟。

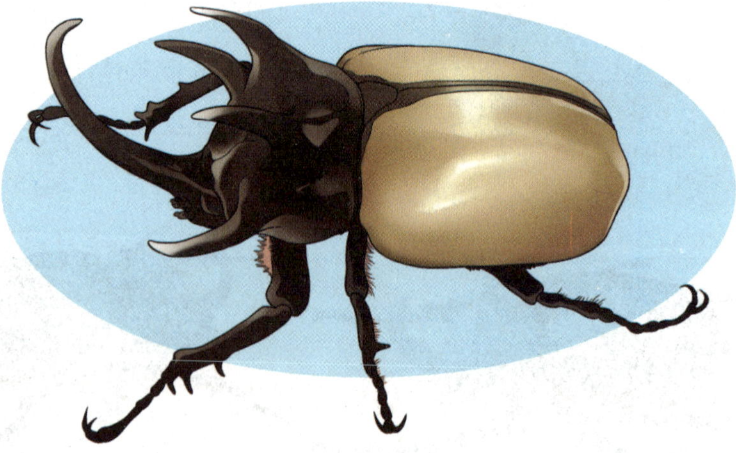

普氏考锹

7月1日 阳光明媚

爸爸终于有时间陪我来南非玩，这是我人生中第一次来这么远的地方旅行。南非有好多特殊的景色，也有许多稀有物种。在南非的山脉旅行时，我们碰上了著名的稀有昆虫：普氏考锹。它长着非常特别的大颚，就像在嘴上顶着一对兔子耳朵一样，特别显眼。爸爸说，这种昆虫只生活在南非的山脉里，被世界自然保护联盟列为濒危物种。

日记点评

作者运用了比喻的修辞手法，把普氏考锹的大颚比作兔耳朵，形象地描写出普氏考锹鲜明的外形特点，不但抓住了重点，而且生动有趣。

物种卡片

来看看普氏考锹还有哪些知识点值得我们关注。普氏考锹是南非特有种，世界自然保护联盟将其列为濒危物种，中国参加的《濒危野生动植物种国际贸易公约》中也包括了考锹属的普氏考锹。

名称	分布 / 栖息	特点	食性
普氏考锹	南非斯瓦特山脉。栖息地通常较为干燥，且植被稀疏	体形最大的考锹属昆虫	喜欢吃腐朽的木屑和植物根茎，也吃植物的叶子和汁液

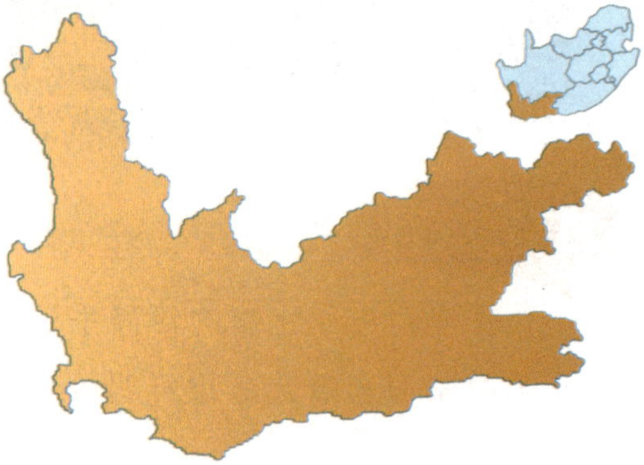

普氏考锹是考锹属体形最大的物种，雄虫体长 2.6 ~ 3.5 厘米，雌虫体长 2.2 厘米左右。

考锹属的分布范围很窄，每一个物种都仅在南非开普省附近的山区活动。

找一找

普氏考锹和巨叉深山锹甲有什么区别呢?

伟铗虬

7月10日 雨后的阴天

今天，爸爸带我来四川甘孜藏族自治州乡城县看望在这里工作的表哥。一见面，表哥就特别神秘地跟我说："听说你喜欢观察各种昆虫，这里有一种只有在乡城县才能见到的稀有昆虫哦！"我非常兴奋，迫不及待地让表哥带我去寻找。在树林边缘寻找了很久，我们才在一块大石下的枯叶里发现它。它看起来有点像蜈蚣，爬得很快。表哥说，它叫伟铗虬，20 世纪 80 年代在乡城县被首次发现。这种双尾目的昆虫仅分布在这里，非常稀有，是国家二级保护野生动物。

日记点评

作者以记叙的方式，向我们介绍了伟铗虬的生活习性，虽然语言平实质朴，但是内容并不枯燥，包含了许多关于伟铗虬的知识，非常值得我们学习！

物种卡片

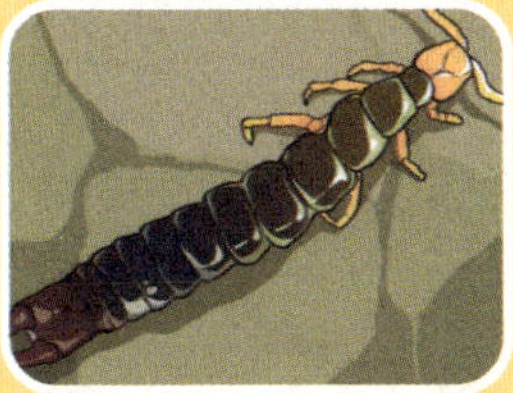

来了解一下伟铗虮的其他特点。伟铗虮属于双尾目蛱虮科，在我国数量稀少，只在四川乡城县被发现，是国家二级保护野生动物。

名称	分布 / 栖息	特点	食性
伟铗虮	四川乡城县，喜欢在腐殖土中，以及潮湿的石块、木段、树皮及落叶下生活	体形较大的双尾目昆虫，体长 3.8 ~ 6 厘米	喜欢吃腐殖质、菌类和微小动物

伟铗虮喜欢生活在阴暗潮湿的地方，爬行速度很快，在枯枝落叶间、腐烂的树干中和石缝里可以找到它。

找一找

下面哪张图中是伟铁虮喜欢的环境呢？

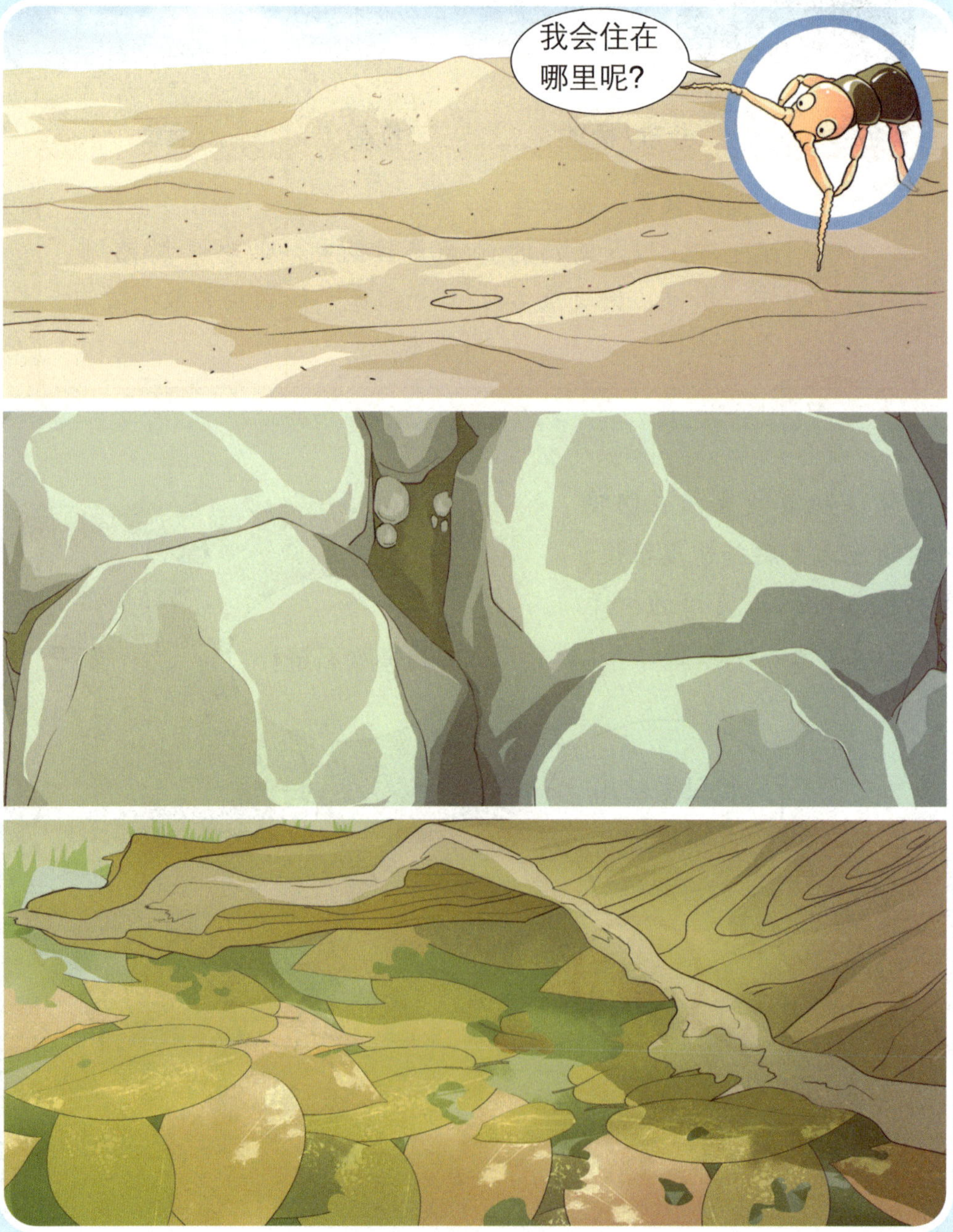

金斑喙凤蝶

5月20日 小雨

在大瑶山游玩时，我看见了一只在树丛中翩翩起舞的蝴蝶。“哇，好漂亮的蝴蝶呀！”它的后翅上有金黄色的亮斑，翅膀上布满了绿色的鳞片，在阳光的照射下，身上仿佛发出了幽幽的绿光。我赶快拿出相机拍摄了好多照片，直到妈妈喊我，我才回过神来。

“妈妈，我看见了一只超级漂亮的蝴蝶！”我兴奋地拿出照片和妈妈分享。妈妈非常高兴地说：“那是金斑喙凤蝶，是世界上最罕见的蝴蝶之一，被称为‘梦幻中的蝴蝶’，非常难见到呢，你真是幸运！”

日记点评

作者运用拟人的修辞手法，描写出金斑喙凤蝶轻盈、美丽的样子，并且细致地描写了蝴蝶身上艳丽的颜色，极具画面感。同时，通过描述自己拍照投入，以及妈妈的介绍，侧面体现出这只蝴蝶的梦幻和罕见。

物种卡片

金斑喙凤蝶属于鳞翅目凤蝶科，是唯一被列为国家一级保护野生动物的蝶类，被国际濒危动物保护委员会列为R级，即最稀有的一级。它不仅外观漂亮，还是世界上最名贵的蝴蝶之一。

名称	分布 / 栖息	特点	食性
金斑喙凤蝶	金斑喙凤蝶只在中国、老挝和越南被发现。在中国，仅分布在海南、广东、福建、广西的少数地区。它在广西金秀大瑶山首次被发现。	体形较大，翅展为8～9厘米，翅膀上布满了翠绿色的鳞片	喜欢吸食一种杜鹃花科植物的花蜜

金斑喙凤蝶雌蝶与雄蝶外观差异很大。雄蝶的翅膀上布满了绿色的鳞片，后翅上有金黄色的亮斑；雌蝶翅膀上的绿色鳞片较少，后翅上是灰白色或白色的亮斑。

金斑喙凤蝶雄蝶和雌蝶一般在8月份交配。虫卵孵化出幼虫后，在9～10月化为蝶蛹，第二年4月下旬至5月上旬才能破茧成蝶。

找一找

下面哪只是雌性金斑喙凤蝶，哪只是雄性金斑喙凤蝶？

金裳凤蝶

5月23日 阳光明媚

云南真是花的世界，红的花，黄的花，白的花，挤挤挨挨，迎风舞动。我陶醉在这五颜六色的花海中，突然发现了一只巨大的蝴蝶。“哇，好大的蝴蝶呀！”它的体形很大，比妈妈的手掌还要大。它在花朵上盘旋着，似乎在寻找一朵最合它心意的花。妈妈也注意到了它，妈妈说这是一种稀有的蝴蝶，叫金裳凤蝶。我连忙拿出手机找好角度等待时机。最后，金裳凤蝶果然选择了一朵百合，缓缓落下，开始吸食花蜜。“Yes！可以拍照了！”我赶快按下拍照键，终于拍到了它。

日记点评

作者在开头运用了排比的修辞手法，句式整齐，层次分明，生动描绘出作者身处百花之中的场景，仿佛一幅花团锦簇的画卷在读者面前展开。

物种卡片

金裳凤蝶的外观和它的名字一样动人，它属于凤蝶科裳凤蝶属，是国家二级保护野生动物，是我国已知最大的蝴蝶。

名称	分布 / 栖息	特点	食性
金裳凤蝶、黄裳凤蝶、黄扇蝶	中国南方地区及东南亚、大洋洲都有分布，生活在海拔1200米以下的地区	中国体形最大的蝴蝶，雌蝶翅展约为16厘米，雄蝶翅展约为12厘米	成虫喜食百合、海桐等植物的花蜜

金裳凤蝶不但体形大，而且寿命很长。普通蝴蝶一般寿命为10～15天，而金裳凤蝶至少能活1个月。

金裳凤蝶雌蝶外形比雄蝶的稍大；雄蝶后翅基本是金黄色的，而雌蝶的后翅则布满了金黄色的斑块。

金裳凤蝶的幼虫多喜欢在马兜铃属的植物上生活。成虫喜爱吃百合、海桐等植物的花蜜。

找一找

下面哪只是雌性金裳凤蝶，哪只是雄性金裳凤蝶？

多尾凤蝶

5月28日 天气晴朗

我和爸爸一起在云南旅行。今天，我们来爬高黎贡山。正当我们爬得气喘吁吁的时候，突然听见有人在喊：“快看，高山美人！”我连忙抬起头，顺着说话人手指的方向认真寻找。终于，在树冠之间，我看见了它——一只美丽的蝴蝶。它黑白相间的翅膀几乎和高大的树冠融为一体，不仔细看，真是发现不了它！“高山美人”是对多尾凤蝶的爱称，它生活在海拔2000米以上的高山林中，翅膀上斑驳的黄白色条纹，正是它的保护色。我抬头久久凝视着这只“高山美人”，真希望永远不会有人打扰它平静的生活。

日记点评

以语言描写开篇，达到“未见其人，先闻其声”的效果。作者运用了比拟的修辞手法，把多尾凤蝶称为“高山美人”，并细致地描写出多尾凤蝶的外形特点和生活环境。

物种卡片

“高山美人”多尾凤蝶，属于凤蝶科尾凤蝶属，是国家二级保护野生动物。它是不丹的国蝶。

名称	分布／栖息	特点	食性
多尾凤蝶、不丹尾凤蝶、四尾褐凤蝶	主要分布在中国云南，以及缅甸、泰国、不丹、印度北部	翅膀上有7条黄白色斜纹，触须较短	喜食长穗木、海檬果、马缨丹等植物的花蜜

多尾凤蝶生活在海拔2000米以上，气候温暖，冬季干燥晴朗、夏季较为潮湿的山林中。

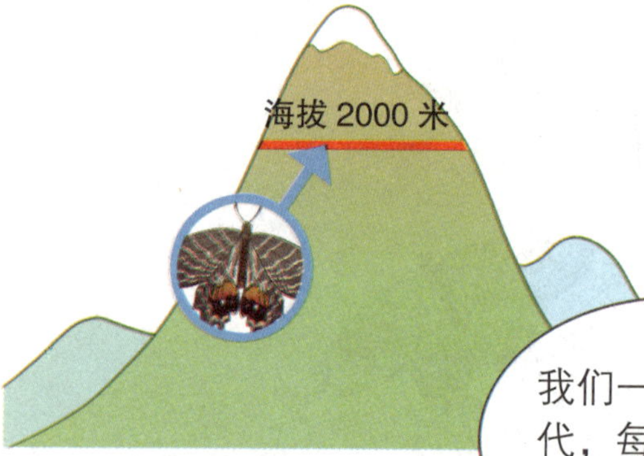

多尾凤蝶的数量非常稀少，因为它的栖息地被人为破坏，以及它繁衍的速度极慢。多尾凤蝶每年仅发生一代或两代。

找一找

多尾凤蝶在哪里？

双尾凤蝶

5月21日 多云

今天，我和爸爸来爬山。快爬到山顶时，太阳才刚刚露出红通通的脸。我伸了个懒腰，冲山下大喊：“啊——”顿时惊起了一群鸟和几只蝴蝶。“爸爸，快看，是多尾凤蝶！”我指着一只蝴蝶对爸爸说。爸爸认真观察了一下，说：“这不是多尾凤蝶，是双尾凤蝶。”爸爸告诉我，多尾凤蝶与双尾凤蝶都属于尾凤蝶属，样子也十分相像，只是后翅略有区别。多尾凤蝶的后翅有红色的警戒色，看起来像一双眼睛，双尾凤蝶则没有。太阳渐渐升高，山林沐浴在阳光下，一切都暖融融的，之前一直懒洋洋的双尾凤蝶突然飞舞起来，真的太美了！

日记点评

作者将双尾凤蝶与多尾凤蝶进行对比，突出了双尾凤蝶的外形特点，引起读者的阅读兴趣。结尾处运用了借景抒情的写作手法，借朝阳下温暖美好的山林之景，表达了作者对双尾凤蝶的喜爱之情。

物种卡片

让我们随着双尾凤蝶的飞舞，一起来看看它的特点吧！双尾凤蝶属于凤蝶科尾凤蝶属，是国家二级保护野生动物，中国特有种。

名称	分布 / 栖息	特点	食性
双尾凤蝶	我国四川、云南海拔 2000 米左右气候温暖的高山林中	从触角到腹部都是黑色的，前翅有 7 条黄白色的斜纹	取食马兜铃属的植物

双尾凤蝶是一种变温动物，它们无法自己调节体温，只能靠外界的温度影响体温。当外界温度低时，它就张开翅膀，面向太阳取暖；当外界温度高时，它就扇动翅膀，翩翩起舞。

找一找

下面哪只是双尾凤蝶，哪只是多尾凤蝶？

黑紫蛱蝶

8月20日 阳光明媚

今天，我和妈妈一起来到黄山风景区游玩。这是一个昆虫种类非常丰富的景区。我拿着望远镜观察树梢上的昆虫时，忽然一个飘飞着的身影吸引了我的注意。它的翅膀泛着亮闪闪的蓝色光泽，就好像天鹅绒一样。它的翅膀上有一条红色的纹路，在阳光下非常奇幻。真的太美了！妈妈非常兴奋，说这是稀有的黑紫蛱蝶，是国家二级保护野生动物。它可是黄山风景区的动物明星！

日记点评

作者运用了比喻的修辞手法，将黑紫蛱蝶的翅膀比作天鹅绒，非常形象贴切，抓住了蝴蝶翅膀细腻、有光泽的特点，使黑紫蛱蝶在阳光下飞舞的形象跃然纸上！

物种卡片

这个“动物明星”黑紫蛱蝶属于蛱蝶科，是国家二级保护野生动物，是我国最珍贵的蝴蝶品种之一。

名称	分布 / 栖息	特点	食性
黑紫蛱蝶	浙江、福建、四川等地的山林中	翅展 9 ~ 10 厘米，是一种比较大型的蝶类，翅膀上有鲜红色大环	喜欢吃植物的汁液、花蜜

黑紫蛱蝶是我国特有的品种。它体形大、数量少。

黑紫蛱蝶有时会在重庆江津四面山景区的瀑布下，补充矿物质和水分。

找一找

请找一找黑紫蛱蝶在哪里。

阿波罗绢蝶

8月21日 雷雨

这是我第一次和爸爸到新疆旅行。吃完早饭后，天空中传来了“轰隆隆”的闷雷声，我心想：看来今天不宜出门。在民居前的走廊，我突然看到一只在躲雨的大蝴蝶。这只蝴蝶长得好奇特，我以前从没见过！它的翅膀像是透明的丝绢，前翅较圆，翅表有许多黑点，后翅上有一些鲜红色斑点。这是什么品种的蝴蝶呢？我太好奇了，就去问了爸爸。爸爸告诉我，这种蝴蝶是阿波罗绢蝶，生长在海拔750 ~ 2000米的山区，耐寒性很强。它可真是太厉害了！

日记点评

作者运用了比喻的修辞手法，把阿波罗绢蝶的翅膀比作丝绢，抓住了这种蝴蝶翅膀透明、羽翼柔顺、色泽鲜明的外形特点，描写出阿波罗绢蝶明艳动人的外形，喻体恰当，引人入胜。

物种卡片

阿波罗绢蝶像一只高山精灵，俏丽可爱。它属于绢蝶科绢蝶属，是国家二级保护野生动物。

名称	生长地	特点	食性
阿波罗绢蝶	欧洲、蒙古国及中国新疆，海拔750～2000米的高山草甸和牧场、山区草原	翅展7～8.4厘米，是一种大型蝴蝶。翅膀像丝绢一样，有一点点透明	幼虫喜欢吃景天属植物，成虫吃花蜜

阿波罗绢蝶生活在高山上，有着极强的抗寒能力，飞翔时会紧贴地面。

阿波罗绢蝶成虫出现在6～9月，以蛹越冬。蝶蛹长约21毫米，呈暗褐色，有光泽，覆盖有灰白色粉。成虫以花蜜为食物，也吸食树汁、水中溶解的矿物质等。

找一找

阿波罗绢蝶、黑紫蛱蝶、金斑喙凤蝶这三种蝴蝶有什么区别呢？

大斑霾灰蝶

9月1日 阳光明媚

今天，我和爸爸妈妈在草场上散步，忽然，我发现不远处的叶子上停留着一只巨大的灰色蝴蝶。它不是那么漂亮，翅膀灰灰的，我还以为在植物上看到了大飞蛾呢。可是靠近之后我才发现，原来它“深藏不露”。它的翅膀整体是紫蓝色的，上面有紫黑色带。妈妈说，别小看这种大斑霾灰蝶，它可是国家二级保护野生动物。

日记点评

作者描写的角度由远及近，结构恰当，引人入胜；还使用了欲扬先抑的写作手法，情感的转折突出了大斑霾灰蝶的美丽动人，以及作者对大斑霾灰蝶的赞美之情。

物种卡片

“不鸣则已，一鸣惊人”，没想到“其貌不扬”的大斑霾灰蝶竟然如此珍稀！它属于灰蝶科霾灰蝶属，是国家二级保护野生动物。

名称	生长地	特点	食性
大斑霾灰蝶	分布在灌木林缘草坡地	翅膀正面浓紫蓝色，背面青灰色	喜食植物汁液、花蜜

大斑霾灰蝶主要分布在朝鲜、日本、俄罗斯，以及中国的黑龙江、吉林、辽宁、河南、山西、四川等地。

找一找

请找一找大斑霾灰蝶在哪里。

海南塞勒蛛

10月1日 晴

今天，老师带我们来到了海南热带雨林国家公园。令我印象深刻的是在这里看到的海南塞勒蛛。老师说，它是《国家重点保护野生动物名录》中唯一的蛛形纲动物，虽然不属于昆虫，但也是我们应该知道的珍稀物种呢。

我有些害怕。海南塞勒蛛个头很大，肢体伸开时和我的手掌几乎一样大。它的毒牙又长又尖，看起来非常危险。老师告诉我们，它是中国体形最大的蜘蛛，常常捕食小的昆虫，甚至还捕食小鸟和其他小动物。它的毒液能够造成巨大的伤害。

日记点评

作者以白描的写作手法，细致描写出海南塞勒蛛的外形特征，让我们仿佛看见了一只露出毒牙、对着猎物蓄势待发的大蜘蛛，让人不禁感觉寒意涌上心头。

物种卡片

勇敢面对你害怕的东西，你将更加强大，所以一起来了解海南塞勒蛛吧！海南塞勒蛛分布在我国海南、广西，属于捕鸟蛛科塞勒蛛属，是国家二级保护野生动物。

名称	生长地	特点	食性
海南塞勒蛛、海南捕鸟蛛	海南和广西温暖的常绿林、灌木丛，在山体下部挖洞而居	中国已知最大的蜘蛛，成年足展能达到 20 厘米	昼伏夜出，躲藏在洞里，捕食路过洞口的昆虫和小型动物

海南塞勒蛛喜欢在林缘和路边的土坡、石缝中筑巢。它是一种含有毒素的蜘蛛呢，大家见到后一定不要触碰它！

找一找

下面 3 种环境，海南塞勒蛛不可能出现在哪里?

收集和观察昆虫的工具有哪些？

1. 相关资料：《国家重点保护野生动物名录》、各种昆虫图鉴。

2. 捕虫网：大部分昆虫不会傻呆呆地待在原地，我们可以使用捕虫网捕捉它们。

3. 望远镜：利用望远镜，在不惊动昆虫的情况下，我们在远处也可以清楚地观察它。

保存和观察昆虫需要合适的工具，有些昆虫受惊时会蜇咬人，需要小心。

1. 含背带的昆虫收集盒：用于安放捕捉到的昆虫。有两个可以打开的小盖子，盖子上面有小孔，可以让昆虫有充足的空气。

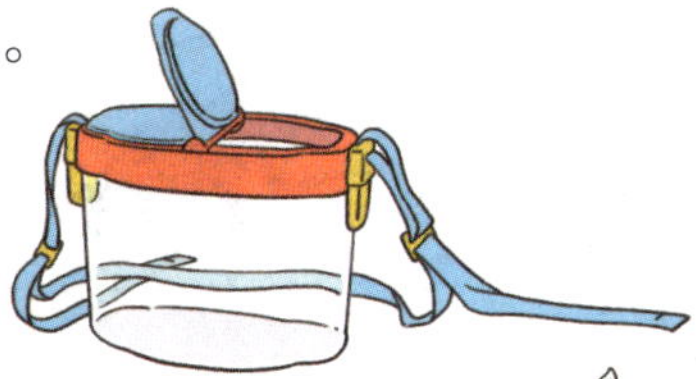

2. 小镊子：用来夹取给昆虫的食物和其他小东西。

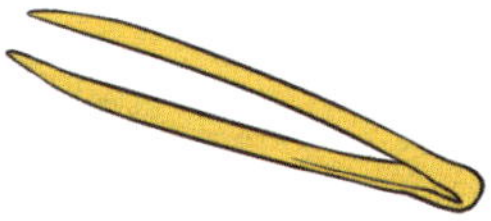

3. 大号昆虫夹：用来夹取大型昆虫。中间留有空间，让昆虫不容易受伤。

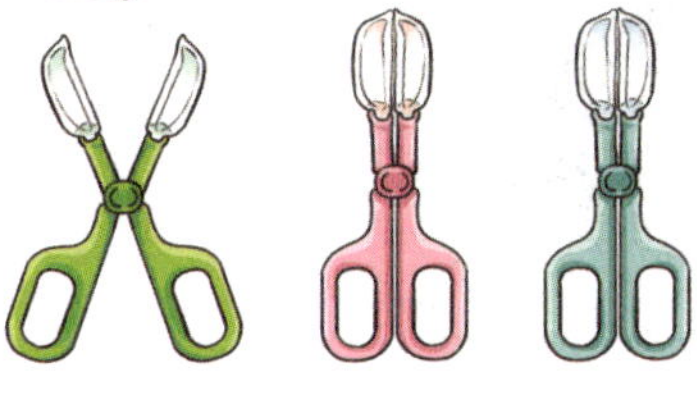

4. 小号昆虫夹： 用来夹取小型昆虫。

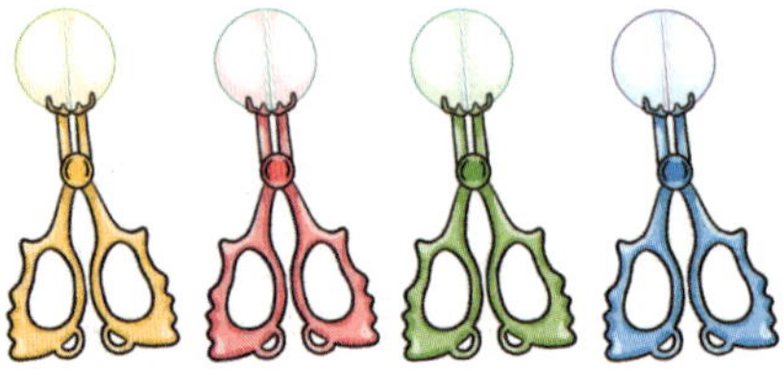

5. 放大镜： 用来观察昆虫细微的特征。观察细小的昆虫时也用得到。

6. 观察杯： 活跃的昆虫可能会飞走或者跳走，需要用到带有放大镜功能的观察杯。

怎么观察昆虫？

观察昆虫的各个部分，如头部、胸部、腹部、口器、触角、翅膀和腿等。每一种昆虫都非常有特点！

稀有物种观察日记

稀有鸟类观察日记

彭麦峰 著 一本书文化 绘

广西科学技术出版社

图书在版编目（CIP）数据

稀有鸟类观察日记 / 彭麦峰著；一本书文化绘 .—南宁：广西科学技术出版社，2024.10

（稀有物种观察日记）

ISBN 978-7-5551-2207-4

Ⅰ. ①稀... Ⅱ. ①彭... ②一... Ⅲ. ①鸟类—少儿读物 Ⅳ. ① Q959.7-49

中国国家版本馆 CIP 数据核字（2024）第 097641 号

XIYOU NIAOLEI GUANCHA RIJI

稀有鸟类观察日记

彭麦峰 著　　一本书文化 绘

责任编辑：罗　风　　责任校对：冯　靖

装帧设计：张亚群　韦娇林　　责任印制：陆　弟

出 版 人：岑　刚　　出版发行：广西科学技术出版社

社　　址：广西南宁市东葛路 66 号　　邮政编码：530023

网　　址：http://www.gxkjs.com　　编辑部电话：0771-5871673

印　　刷：运河（唐山）印务有限公司

开　　本：787 mm×1092 mm 1/16

字　　数：96 千字　　印　　张：6

版　　次：2024 年 10 月第 1 版　　印　　次：2024 年 10 月第 1 次印刷

书　　号：ISBN 978-7-5551-2207-4

定　　价：45.00 元

目录

中华凤头燕鸥

5月1日 大晴天

我和爸爸来到福建长乐闽江河口国家湿地公园鳝鱼滩。我看到许多海鸟跟随着潮水如约而至，其中有一种看起来很“非主流”的海鸟非常显眼。这种海鸟拥有相当酷炫的黑色冠羽，好像桀骜的“爆炸头”，感觉像是叛逆版的海鸥。它身上的色彩搭配也与海鸥很相似，淡灰色的身体、灰色的翅膀、白色的腹部。鸟类观察者说，这是中华凤头燕鸥，当它和大凤头燕鸥一起出现时，常常容易让人混淆呢。

日记点评

作者运用了排比的修辞手法，把中华凤头燕鸥的外貌特征从身体到翅膀，再到腹部，按照观察顺序清晰地描写了出来，结构严谨，逻辑通顺，体现了作者细致入微的观察能力。

物种卡片

中华凤头燕鸥，世界极度濒危动物，濒危等级高于大熊猫两级。中国最珍稀的鸟类，国家一级保护野生动物。

名称	分布 / 栖息	特点	食性
中华凤头燕鸥、黑嘴端凤头燕鸥	活跃于热带和亚热带海域，偏爱栖息于小型的海岸与岛屿，常在开阔的水域、海岸、岩石及沙滩上活动	在繁殖期，中华凤头燕鸥的额头是黑色，但到了冬季会变成白色	以鱼类、虾类为主要食物

中华凤头燕鸥最显著的特征是嘴巴大体呈黄色，尖端为黑色。鸣叫声尖厉似“keerrick”，音调较高。

找一找

仔细看，哪一只是中华凤头燕鸥？

黑头白鹮

5月19日 阳光明媚

妈妈给我报了夏令营，今天我终于有机会到保护区的湖畔观鸟，真让人兴奋！夏令营的老师带着我们在湖边观察时，我突然看到一只颜色特别的鸟，它身体部位的羽毛是白色，头部、嘴巴、脖子、腿部和脚都是黑色的，像是穿着白衣裳，这让我想到奶奶家养的乌鸡。不过我觉得最特别的是它的嘴巴好像弯弯的镰刀。它的翅膀的羽毛上有一条棕红色带状斑，腰部和尾部的羽毛上有淡灰色丝状装饰的羽毛。老师说，这是黑头白鹮，通常听不到它的叫声（是无声的），这种鸟是“一夫一妻”制，找到了中意的伴侣后，便一起在近水岸边的大树上筑巢。

日记点评

作者在描写黑头白鹮的羽毛时，写到了“穿着白衣裳”，这是运用了拟人的修辞手法，使黑头白鹮的形象更加直观、具体。此外，作者还运用了比喻的修辞手法，把黑头白鹮的嘴巴比作镰刀，喻体生动，十分贴近生活，非常好！

物种卡片

黑头白鹮是鹈形目鹮科白鹮属的鸟类，是国家一级保护野生动物，世界濒危物种。

名称	分布 / 栖息	特点	食性
黑头白鹮	分布于国内各地，国外常见于东亚、南亚及东南亚，栖息于湖边、河岸、水稻田、芦苇水塘、沼泽等地	成群活动，不停地飞翔寻找食物，还会和鹳等其他水鸟混在一起筑巢生活	食性广泛，喜食鱼、蛙、蝌蚪、昆虫、蠕虫、甲壳类动物、软体动物及小型爬行动物，偶尔也会吃植物

黑头白鹮为大型涉禽，体长约 70 厘米；嘴呈黑色，细长弯曲；虹膜红或红褐色；脚短且黑。夏季羽毛洁白，头部和颈上部裸露呈黑色，背部和前颈下部有灰色饰羽，翅膀下裸露深红皮肤斑。

黑头白鹮是一种会到南方越冬的涉禽。春夏季的时候在黑龙江、吉林和辽宁繁殖生活，到了冬天会飞到南方地区如广东、福建等地越冬，迁徙期间会在其他地方看到。

找一找

找一找黑头白鹮在哪里？

短尾鹦鹉

5月22日 多云间阴

我和护林员叔叔一起在森林里徒步，突然听到有鸟在大声地鸣叫！我往空中一望，看到一群小鸟正在树顶的周围打转呢。那是一群小小的鹦鹉，好像森林中的小精灵，飞翔的时候它们的翅膀张开，像彩色折扇！它们的嘴巴是红色的，腰部及尾部有红色的羽毛，好漂亮啊！我还发现它们中的一部分喉部有淡蓝色斑块，一部分没有淡蓝色斑块。这是怎么回事啊？护林员叔叔说，这是雌性鹦鹉和雄性鹦鹉不同的地方，雄性的喉部才会有明显的淡蓝色斑块。

日记点评

作者运用了比喻的修辞手法，把飞翔的短尾鹦鹉比作小精灵，又把它们的翅膀比作彩色折扇，生动形象地向我们展示了一群翱翔在林间的鸟中“精灵”。不仅如此，作者还详细描写了短尾鹦鹉的嘴巴、羽毛和喉部，体现了作者细致的观察能力。

物种卡片

短尾鹦鹉，又称倒悬鹦鹉，是鹦鹉目鹦鹉科的鸟类，属于国家二级保护野生动物。

名称	分布 / 栖息	特点	食性
短尾鹦鹉	分布于南亚及中国云南等地，栖息于森林边缘、果园、小片被分隔的森林、混交林、沼泽等地	飞行时，反复发出“chee-chee-chee”的尖叫声或“tsit-tsit”的颤声，吃东西时偶尔会发出柔和的似窃笑般的声音	以花蜜、水果、种子为主要食物，偏爱番石榴的果实

短尾鹦鹉是体形比较小的鸟类，体长大概10厘米，大约有10年寿命。短尾鹦鹉飞行快速而颠簸，擅长攀爬，当受到刺激时会展现出攻击行为：它会瞄准另一只鸟的头部快速飞扑过去，喉部羽毛明显竖起，尾羽展开，表现出威胁姿态。

短尾鹦鹉种群稳定，通常在树洞中筑巢，偶用旧巢。繁殖期为1～4月。雌鸟每次产2～4枚卵，2天内产完，常有卵未受精的情况。孵化期20～22天。雄鸟不参与育雏。幼鸟1个月左右羽毛长成。

找一找

仔细观察，找一找哪一只鹦鹉是短尾鹦鹉。

黑脸琵鹭

5月30日 阴天有小雨

今天一大早，妈妈带我去海滩赶海。在海边的芦苇滩涂上，我看到一种特殊的白色大鸟。它的嘴非常特别，又长又扁平，和乐器琵琶特别像！它的羽毛大多是白色的，却有一张“黑脸”，看上去像是有点脾气不太好的样子，而且额头前部、眼线、眼睛旁边到嘴巴、腿、脚都是黑色的。旁边的导游说，这种鸟叫黑脸琵鹭，它和白琵鹭长得很像，在野外常常会把它们弄混。

日记点评

作者运用了比喻的修辞手法，把黑脸琵鹭的嘴巴比作琵琶，抓住了这种鸟嘴巴又长又扁平的特点，与琵琶的外形一比较，确实非常形象，也难怪这种鸟的名字叫作黑脸琵鹭了。

物种卡片

黑脸琵鹭是鹈形目鹮科琵鹭属的鸟类，属全球濒危物种，是国家一级保护野生动物。

名称	分布 / 栖息	特点	食性
黑脸琵鹭	分布于东亚地区，栖息于湖泊、水塘、河口、芦苇沼泽、水稻田及沿海地带	性情温顺，从不攻击其他鸟类，单独或成小群活动，机警避人	喜欢捕食小鱼、虾、蟹、昆虫及其幼虫、软体动物

黑脸琵鹭为中型涉禽，体长 60 ~ 78 厘米；嘴长直且黑，上下扁平，前端扩大呈匙状；脚长而黑，胫部裸出；额、喉、脸及眼周均为黑色，羽毛为白色。

黑脸琵鹭在中国一般为冬候鸟，在湖南、贵州、广东、福建、海南、香港、台湾、澎湖列岛等地越冬；迁徙期间见于辽宁、北京、河北、山东；少数在福建为留鸟。

找一找

仔细观察，找一找图中哪些生物是黑脸琵鹭喜欢的食物。

雪鸮

6月5日 阳光明媚的晴天

今天是非常特别的一天，在北极科考站从事环境摄影的表哥要带我一同出发，去寻找雪鸮的身影。太酷了！我们在薄冰消融的广袤苔原上徒步前行，在接近一处石壁的时候，一个白色的身影吸引了我的目光。它看起来很呆萌，头圆而小，有着白色的羽毛、金黄色的眼睛，歪着头双眼圆睁地注视着我，好可爱啊！它的爪子和腿被羽毛包裹得严严实实，爪子底部厚厚的肉垫，就像穿上了白色的毛袜子又套上了白色的雪地靴。它很像电影《哈利·波特》中哈利·波特的宠物——海德薇。表哥赶忙拿出相机，说：“它就是我们要找的雪鸮。”

日记点评

作者把雪鸮的形态、颜色细腻地描绘了出来，且叙事语言自然、朴素，说明作者善于观察生活，能够敏锐地捕捉有意义的瞬间。

物种卡片

雪鸮是鸮形目鸱鸮科雕鸮属的一种大型猫头鹰，属于体形较大的鸮类，被列入《世界自然保护联盟濒危物种红色名录》“易危”物种，是国家二级保护野生动物。

名称	分布 / 栖息	特点	食性
雪鸮	夏季活跃于北极的丘陵、海岸、苔原及沼泽，冬季迁徙至欧洲、北美、朝鲜、日本，及中国河北和内蒙古等地。栖息于草原、湿地、田地等环境	羽毛浓密，在零下50℃的气温下仍能保持38～40℃的体温。视力极佳，可以观察到极远处的小物体	喜食北极地区的小型哺乳动物如旅鼠、岩雷鸟幼鸟，食物短缺时则捕食其他地域的啮齿类、雉类、雁鸭类动物，偶尔吃鱼类和腐肉

雪鸮属于猛禽，体长50～71厘米。雄性体形小，雌性体形大。羽毛几乎全白，端部略带黑色。头部小而圆，面盘不突出。

雪鸮于日间求偶，求偶方式有两种：其一，雄鸮叼住猎物，高低飞翔，垂直降落，随后背对雌鸮，头低身斜，尾羽呈扇形拖地展开；其二，雄鸮在空中将猎物传递或喂给雌鸮。

找一找

仔细观察，找一找雪鸮冬季住在哪种环境中。

白腹鹭

6月19日 风和日丽

我去云南的外婆家玩，在外婆邻居家的农田旁发现了一只脖子长长的大鸟，好特别哦！它整体是灰色的，头顶长着几根灰色和白色的丝状羽，像在头上留了一根小辫子，真有趣！它的嘴巴长而尖直，脖子下面和腹部的长羽毛是白色的，翅膀又大又长，腿和脚趾都是细长的呢。当地森林公安部门的专家判断，这只鸟是国家一级保护野生动物白腹鹭，并说，白腹鹭是一种分布区域狭窄、数量稀少的濒危鸟类，如果我们看见了一定要好好保护它们！

日记点评

作者运用了比喻的修辞手法，把白腹鹭头顶的丝状羽比作小辫子，十分生动有趣。难能可贵的是，作者观察细致，描写生动，能把自己看到的珍稀动物描写得童趣十足，很棒！

物种卡片

白腹鹭是鹈形目鹭科的大型迁徙性涉禽，是国家一级保护野生动物，被列入《世界自然保护联盟濒危物种红色名录》“极危”物种。

名称	分布 / 栖息	特点	食性
白腹鹭	栖息于喜马拉雅山麓，热带和亚热带的森林、高原、山地溪流岸边、沼泽湿地、草原或宽阔的农田	喜欢 4 ~ 5 只结小群活动。性情胆怯而机警，叫声高亢而粗哑	以水生生物为食，包括鱼、虾、蛙及水生昆虫等

白腹鹭的巢用枯枝搭建，比较庞大，通常在高大树木的高处。

白腹鹭是大型迁徙性涉禽，身高可达 127 厘米。整体呈灰色，喉部、腹部、臀部、腋羽及颈下长饰羽均为白色，顶冠有几根灰白相间的丝状羽，虹膜、嘴和脚均为灰色。

找一找

找一找，白腹鹭的家在哪里？

黄嘴白鹭

6月19日 闷热的阴天

今天，爸爸带我来到了海边，我认识了许多动物。我看到一只身体纤瘦而修长的白鹭站在海边，它的嘴、颈、脚都很长，身姿非常优雅，好像芭蕾舞演员。它全身羽毛大多是白色，头后部的羽毛又长又密，有几根羽毛特别长，就像人的狼尾发型，这让我想起电视上看到的在巴西狂欢节上，女主角头戴羽冠的样子。它的嘴巴是黄色的，腿是黑色的。爸爸说，它就是因为这个特征才被叫作黄嘴白鹭。每年 4 月和 11 月，它要进行春秋两季的迁徙哦。

日记点评

作者运用了比喻的修辞手法，把黄嘴白鹭比作芭蕾舞演员，抓住了它体态修长、身姿优雅的特点，就好像芭蕾舞演员踮着脚尖起舞一般，十分贴切；且日记里所用的语言准确、朴实，举例贴近生活，非常能引起读者的共鸣。

物种卡片

黄嘴白鹭是鹈形目鹭科的鸟种，是国家一级保护野生动物，全球性濒危。

名称	分布 / 栖息	特点	食性
黄嘴白鹭	常见于东亚及东南亚地区，生活在沿海岛屿、海岸、海湾、河口，以及沿海附近的江河、湖泊、水塘、溪流、水稻田和沼泽地带	行走时步履轻盈稳健，受惊吓时发出低音的呱呱声	以小型鱼类、虾、蟹、蝌蚪、水生昆虫等为食

夏天的时候，黄嘴白鹭在中国东北地区尤其是辽东半岛和部分岛屿繁殖；到了冬季，会飞往菲律宾，极少数会飞至婆罗洲及马来半岛越冬。

黄嘴白鹭是中型涉禽，体长46 ~ 65厘米，体重320 ~ 650克。通体修长，体羽洁白，雌雄相似，虹膜呈淡黄色，腿黑色，幼鸟无细长的饰羽。

找一找

仔细观察，找一找这两只黄嘴白鹭中哪一只是幼鸟。

猎隼

6月25日 阳光明媚的晴天

妈妈和爸爸带我去内蒙古旅游，我们看到一只猎隼在空中飞翔，它好像在捕食。我赶忙拿起望远镜观察。它的翅膀比较宽；爪子非常大，看上去很弯曲、锋利，强壮有力；它的嘴巴非常锋利，又尖又弯；它的胸部有着厚实的浅色羽毛，颈背羽毛偏白色，头顶是浅褐色的。这只猎隼看上去真像一个蓄势待发的冷酷“杀手”。导游说，猎隼在飞行中狩猎时，会收拢双翅贴近攻击路径和地面，呈25度角冲刺攻击，速度快的时候可以达到每小时275～360千米。它就像鸟类“歼击机”一样，突袭山雀、百灵鸟，还有地面的野兔。

日记点评

作者运用比喻的修辞手法，把猎隼比作“杀手”“歼击机”，使文章更加生动有趣，同时以列举数据的方式，向我们展示了猎隼捕食的方式和速度，使日记更具画面感和说服力。

物种卡片

猎隼是一种非常珍稀的猛禽，是隼形目隼科的鸟类，被列入《世界自然保护联盟濒危物种红色名录》“濒危”物种，是国家一级保护野生动物。

名称	分布 / 栖息	特点	食性
猎隼	分布于欧亚大陆（除中南半岛外）和非洲大陆北部，栖息于山区开阔地带、丘陵、河谷、沙漠、草地、潮湿的森林、半沙漠草原及平原	卡塔尔、匈牙利、蒙古国等国家的国鸟。古代贵族曾驯养其用于狩猎、侦查和保护羊群	以中小型鸟类、野兔、鼠类等动物为食，也会攻击金雕等大型猛禽

猎隼体重 680 ~ 1200 克，体长 42 ~ 59 厘米，体形庞大，羽毛浅褐，颈部洁白，眼上眉纹白色，眼下条纹黑亮，胸腹白中带黑褐色斑纹。其虹膜褐色，喙灰色，蜡膜浅黄色，脚黄色。

猎隼的繁殖期在每年 4 ~ 6 月，它们喜欢在草地上的矮树、悬崖峭壁上的缝隙、土山甚至电线杆上建巢，有时也会占用其他鸟类的旧巢。巢由枯枝等构成，内垫有兽毛、羽毛等物。

找一找

猎隼在哪些国家是国鸟呢？（连线）

卡塔尔　老挝　巴勒斯坦　阿联酋

匈牙利　印度尼西亚　泰国　蒙古国

游隼

6月26日　阳光明媚的晴天

爸爸和妈妈带我去动物园玩。我突然看到鸟类馆里有一只“猎隼”。“妈妈！快看！这是不是猎隼？”我兴奋地大喊。妈妈仔细观察了好一会儿，说：“你再看看？它比较瘦小一些呢，这是游隼。”猎隼和游隼长得真的很像，它们都有强而有力的大爪子和锋利的嘴巴。我真好奇妈妈是怎么区分它们的。

爸爸说，游隼是世界上俯冲速度最快的鸟类，它在空中捕猎时，会突然弯腰从高处向下俯冲，速度高达每小时389千米，比猎隼更胜一筹。但是它的体形小一些，攻击性也比猎隼弱一点，捕食的对象大部分是鸽子、野鸭、鸡、乌鸦等中小型鸟类。

日记点评

作者运用了对比的修辞手法，比较了猎隼和游隼的特点，使得游隼的特征习性更加突出，令人印象深刻。同时，作者用生动的文字把看到游隼、学到知识的过程完整记录下来，重点突出，非常好！

物种卡片

游隼是隼形目隼科的鸟类，国家二级保护野生动物。

名称	分布 / 栖息	特点	食性
游隼	遍布于世界各地，生活在山地、丘陵、荒漠、半荒漠、海岸、旷野、草原、河流、沼泽、湖泊沿岸地带，在农田、耕地和村屯附近也能见其身影	一部分为留鸟，一部分为候鸟，是阿联酋和安哥拉的国鸟。	喜欢捕食小鱼、虾、蟹、昆虫及其幼虫、软体动物

游隼奉行“一夫一妻”制，除非遭遇不幸，否则终生相伴。每年 4 ~ 6 月，游隼进入繁殖期，常双双翱翔于空中，欢快地鸣叫。

游隼是中型猛禽，体长 41 ~ 50 厘米。其翅长而尖，眼周金黄，颊部饰有黑色髭纹，头部至后颈灰黑色，上体蓝灰色，尾部横亘数条黑带。

找一找

哪一只是猎隼，哪一只是游隼呢？

灰冠鸦雀

2月20日　有些凉的晴天

今天，我和家人、朋友一起去到森林里观鸟。我们早早地来到森林，迫不及待地开始探索。一进入森林，我们就听到了鸟儿欢快的歌声。快看！灰冠鸦雀正在地面上寻找食物。它们非常聪明，会悄悄地移动，以免被猎物发现。除了觅食，它们还喜欢玩耍打闹。我看到它们互相追逐，有时候还会飞到树枝上。它们的翅膀和尾巴是那么灵活，好像随时都准备飞翔。大自然是多么美妙啊！我深深地感受到，我们应该保护森林，保护这些可爱的鸟儿。

日记点评

作者采用了拟人的修辞手法，赋予灰冠鸦雀以人的行为特征，生动地展现了灰冠鸦雀在林间嬉戏打闹的场景，字里行间透露出作者对鸟儿及大自然的喜爱之情。

物种卡片

灰冠鸦雀是中国特有的小型鸦雀，属于雀形目莺鹛科，是国家一级保护野生动物。

名称	分布 / 栖息	特点	食性
灰冠鸦雀	仅分布于甘肃、四川，生活在高山、森林边缘的地形陡峭处，喜欢在面向太阳的山坡一侧的箭竹上筑巢	联络叫声为短促的嘟声，间以尖细高音。被认为是中国最为稀有的雀形目鸟类，其标本仅存于俄罗斯	以蝗虫、蚱蜢和蚂蚁等昆虫，以及植物果实、种子为食

灰冠鸦雀个头小巧，有灰色的头顶、黑色的眉纹和棕色的胸部，这是区分它和其他鸦雀的重要特征。

灰冠鸦雀的巢一般藏在竹丛中，由草叶和竹叶编织成杯子形状，内部有非常精细的结构。为了隐蔽，灰冠鸦雀还精心设计，在鸟巢外侧装饰绿色的苔藓。

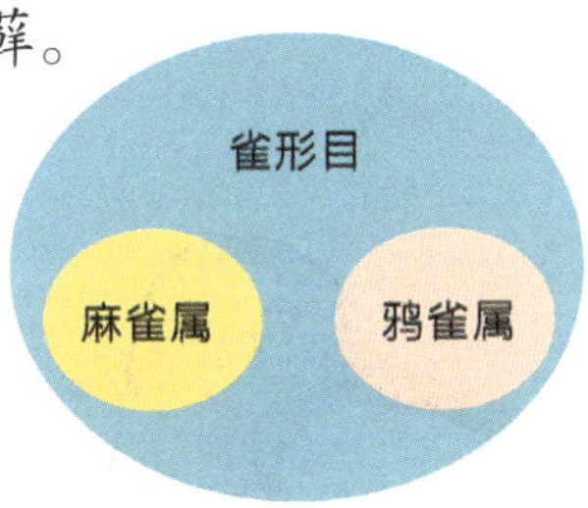

自 1988 年起，灰冠鸦雀一直没有记录，直至 2007 年 7 月在四川唐家河自然保护区重现。2011 年 5 月，该地又发现 5 只。2013 年 6 月 10 日，鸟类学家在该地再次观察到 1 对灰冠鸦雀及 3 只雏鸟。

找一找

请找一找，灰冠鸦雀的嘴是什么形状的。

黑头噪鸦

7月2日 烈日炎炎

今天是我加入观鸟小组的第一天，我们来到自然保护区里观察鸟类。在四处寻找鸟儿的时候，突然，我注意到天上有一只很大的“乌鸦”飞过，它还发出“嘎——啊，嘎——啊”的叫声。鸟类学家告诉我，这是国家一级保护野生动物黑头噪鸦。在保护区里，我还看到了孔雀、雉鸡等其他鸟类。通过观察，我发现不同的鸟类有着不同的特征，比如羽毛的颜色和体形等。我还发现，有些鸟喜欢吃植物，有些鸟则喜欢吃昆虫。今天是非常充实的一天，我学到了很多关于鸟的知识，也认识了许多珍稀的鸟类。

日记点评

日记结构清晰，采用“总—分—总”的形式，让读者清晰地理解了作者的观察顺序和观察内容。日记语言平直朴实，作者通过这种写作方式总结了一天的收获。

物种卡片

黑头噪鸦是我国特有鸟类，属于雀形目鸦科噪鸦属。它是国家一级保护野生动物，是世界上3种噪鸦的其中一种，受到世界关注。

名称	分布 / 栖息	特点	食性
黑头噪鸦	分布在甘肃、青海、四川、西藏海拔3050～4300米的针叶林。在树顶部的枝杈上营巢，离地面高2～20米	在林间飞行时多呈直线，飞行距离不远，但在受惊时会飞往远处	以蝗虫、金龟甲、金针虫、蝼蛄、蛴螬等昆虫的成虫、幼虫和蛹为食，也吃雏鸟、鸟卵、鼠类、腐肉、动物尸体，以及植物叶、芽、果实和种子等

黑头噪鸦通常3～4只结伴，成群活动，这有利于互相保护。当群体中有一只黑头噪鸦被捕捉时，其他同伴也会着急，并发出叫声威胁入侵者，给被捕的伙伴创造逃跑机会。

黑头噪鸦还有一个有趣的习性——合作繁殖。每年4月，气温尚低时，雌鸟便开始孵卵。雌鸟会挑选同伴作为繁殖助手，助手会在雌鸟育雏期为幼鸟提供食物。黑头噪鸦聪明且擅长群体合作，有复杂的群体活动。

找一找

你能找到黑头噪鸦藏在森林里的食物吗？

棕头歌鸲

7月2日 多云间晴

暑假期间，我们一家来到四川参加观鸟旅行。在保护区里，我们到处寻找鸟儿的踪迹。走着走着，森林变得越来越茂密，四周传来的鸟鸣声也越来越响亮。鸟儿歌声的调子有的、高有的低，节拍有的快、有的慢，像在表演一首大合唱。导游带领我们来到一片树林，这里有世界上最稀有的鸟类之一——棕头歌鸲。我用望远镜观察到了！它的羽毛颜色艳丽，头顶和后颈的橙棕色特别显眼！妈妈说，这只是雄鸟。

日记点评

作者运用了拟人的修辞手法，生动地展示了棕头歌鸲善于鸣唱、叫声婉转悦耳的特点。此外，作者还运用了排比的修辞手法，形象地刻画了鸟儿歌调富有节奏的特点。

物种卡片

棕头歌鸲已知记录很少，是世界上最罕见的鸟类之一，被列为国家一级保护野生动物。

名称	分布 / 栖息	特点	食性
棕头歌鸲	分布于四川，常见于九寨沟国家级自然保护区。生活在海拔 2000 ~ 3000 米的亚高山林的稠密矮树丛中	极善鸣叫，喉音重，叫声洪亮有力、悦耳且有间隔	以小型昆虫、蚯蚓等蠕虫为食，也会啄食植物的嫩叶、果实等

棕头歌鸲雄鸟和雌鸟外貌很不一样。雄鸟有鲜艳的羽毛，雌鸟却没有那么美丽，看起来灰扑扑的。在鸟儿的世界里雄鸟只有“打扮”得漂亮，才能吸引到雌鸟。此外，雌鸟还通过雄鸟的歌声来挑选优质的雄鸟。

根据《世界自然保护联盟濒危物种红色名录》的评估，棕头歌鸲的数量正在持续减少。造成这一现象的原因主要有栖息地的丧失、植被的严重退化，以及盗猎和非法贩卖等人为因素的干扰。

找一找

图中有一群棕头歌鸲，请找一找里面有几只雄鸟、几只雌鸟。

银耳相思鸟

7月2日 雨后天晴

今天，我和朋友去青秀山风景区游玩。在风景区里，我们见到了叶子又大又绿的植物，有的直接附生在树干上。我们仿佛走进了热带雨林。雨林的池塘后面，有一片树丛，里面的树叶动了几下。我走近一看，发现树丛里有两只美丽的鸟，它们身上有彩色的羽毛，像穿着盛装花裙。朋友告诉我，这种鸟叫作银耳相思鸟，他家曾经养过，后来这种鸟成了国家保护动物，不能随意饲养，他就将其交给了自然管理局。朋友的话，让我领悟了很多知识。银耳相思鸟，让我们在大自然中相见吧！

日记点评

作者采用比喻的修辞手法，把银耳相思鸟身上的羽毛比作盛装花裙，生动形象地表现了银耳相思鸟的外形特征。

物种卡片

银耳相思鸟是雀形目噪鹛科的鸟类，属于国家二级保护野生动物，不允许擅自饲养。

名称	分布 / 栖息	特点	食性
银耳相思鸟	分布在西藏、云南、广西，生活在海拔 350 ~ 2000 米的常绿阔叶林、灌丛和竹丛间，在树下灌木上营巢	颜色艳丽，极为醒目。生性活泼好动，喜欢在树间和枝条间穿梭跳跃，性格大胆，允许人类靠近	主要以甲虫、瓢虫、蚂蚁等昆虫为食，也会啄食植物的果实，稻谷、玉米等农作物

相思鸟雌雄分开后，雄鸟会向着雌鸟高声鸣唱，彼此回应。它们叫声婉转，听起来像鸟儿间在互诉爱意，人们也经常看到成对的相思鸟在一起活动。于是，相思鸟被用来象征爱情，寓意形影不离。

鸟贩为了利益，会捕捉野生的银耳相思鸟，而在养殖和运输的过程中，许多银耳相思鸟会因此受伤，甚至死亡。这让野生银耳相思鸟变得越来越少。如果继续放任这种行为，后人可能再也见不到银耳相思鸟了。

找一找

这只银耳相思鸟身上有几种颜色？红色共有几处？

灰胸薮鹛

7月15日 阳光明媚的晴天

放暑假了，我们一家人来到四川游玩。今天，我们的目的地是峨眉山。在向峨眉金顶前进的路上，我们看见了好多猴子和鸟。瞧！树上有一只很特别的小鸟，树下的行人都停下了脚步观看。我急忙拿出望远镜，想把它看得更清楚。这只鸟又灰又黄，脖子和眼圈是黄色的，翅膀中间是橙色的。它晃了晃脑袋，好奇地注视着周围，不一会儿就飞走了。后来，爸爸妈妈帮我查了鸟类图鉴，我才知道今天看到的鸟是灰胸薮鹛。

日记点评

本篇日记采用侧面描写和细节描写相结合的方式，展现出灰胸薮鹛的特征，体现了作者细致入微的观察能力，以及对灰胸薮鹛的喜爱之情，而且叙述流畅，结构合理，是一篇优秀的日记。

物种卡片

灰胸薮鹛属于雀形目噪鹛科，是我国特有的小型鸟类。种群数量稀少，为国家一级保护野生动物。

名称	分布 / 栖息	特点	食性
灰胸薮鹛	分布于四川眉山市、乐山市、宜宾市。生活在海拔 1000 ~ 2400 米的林缘灌草丛和竹丛中，鸟巢距离地面高 1.8 ~ 2.5 米	胆小畏人，通常藏匿于茂密灌丛、竹丛或小乔木树冠内，占区鸣叫时通常只闻其声不见其形	主要以昆虫和植物果实、种子为食

灰胸薮鹛用不同的鸣声表达召唤、应答、觅食、采食、飞行联络、占区、驱逐、报警、求偶等含义。觅食时，鸣声微弱，由 2 个音节组成；采食时，鸣声欢快，由 3 个音节组成。

在遇到危险时，灰胸薮鹛会发出“jia jia——”的叫声警告入侵者；在交配时，雄鸟向雌鸟发出急促的“ji–ji–ji”叫声；当雌鸟外出寻找筑巢材料，许久未归时，雄鸟会发出“gua——”的长音呼唤雌鸟。

找一找

请找一找，在冬季，灰胸薮鹛会沿着哪条路线移动。

灰胸薮鹛需要隐蔽、保温和食物才能存活越冬。在冬季，它们会从高海拔的山顶处迁移到山下躲避冰雪。这种现象被称为鸟类的季节性垂直迁移。

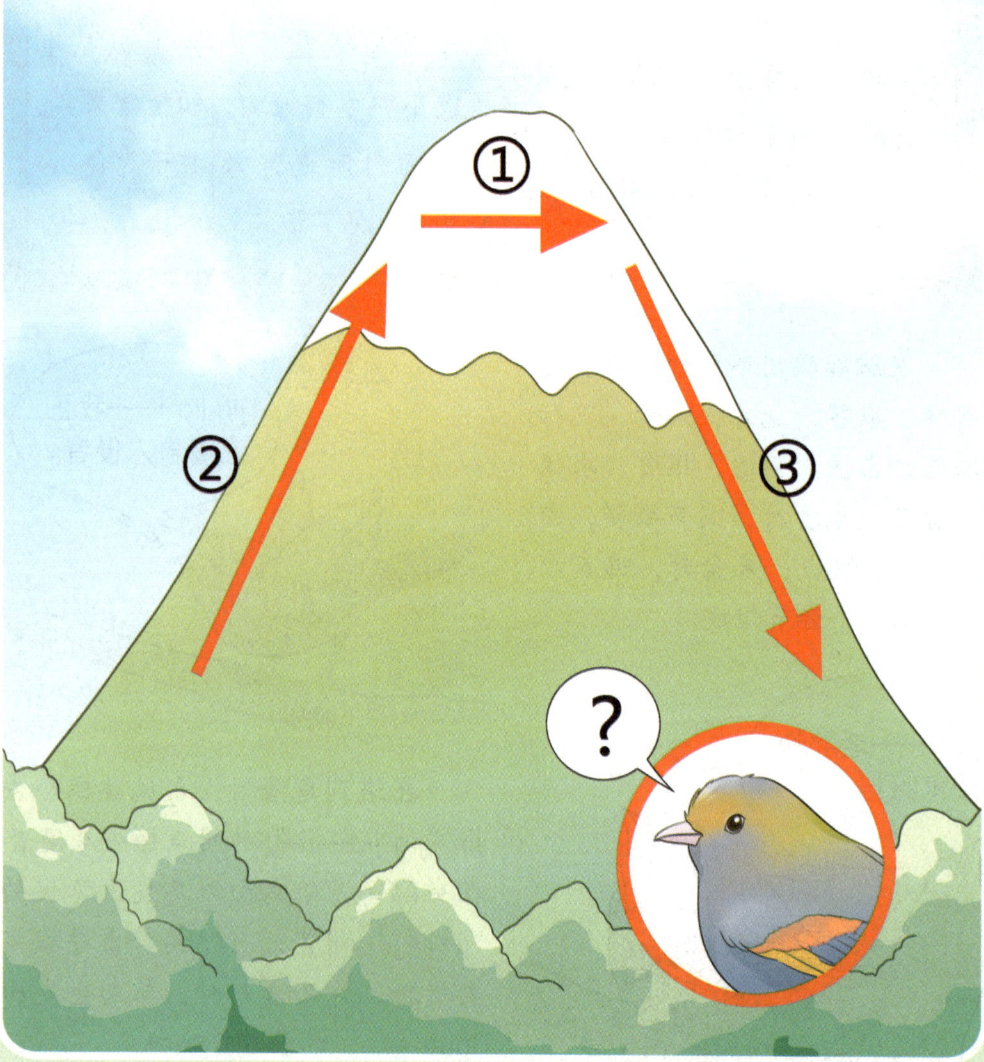

白点噪鹛

6月20日 多云间晴

今天一大早，我和爸爸、妈妈登上云南老君山参加观鸟活动。路上，我们遇到一位叔叔，他的目标是到全国各地给珍稀鸟类拍照，所以他身上带了专业相机。在森林里，我看到了好多鸟，让我最难忘的鸟是白点噪鹛，它褐色的羽毛上有许多白色的斑点，就好像身上落了雪。它躲避我的望远镜，在杜鹃树丛里飞来飞去。中午，我们的行程结束了。山里的空气是多么清新，鸟儿的鸣叫是多么快乐啊！这次观鸟经历真让我难忘。

日记点评

这是一篇让人感受到美的日记，作者运用了比喻的修辞手法，用雪来比喻白点噪鹛身上的斑点，想象力真丰富。在结尾处还用到了借景抒情的手法，作者以所见所感，向我们展示了他对白点噪鹛的喜爱。

物种卡片

白点噪鹛是雀形目噪鹛科鸟类，是国家一级保护野生动物，也是中国的特有物种。

名称	分布 / 栖息	特点	食性
白点鹛、白点噪鹛	分布于四川、云南，常见于高海拔地区。喜欢在树上营巢，栖息在云杉和冷杉林、高山栎、竹林中，也出入于灌木丛	中国西南部特有，生活习性鲜为人知	由于数量稀少，其食性未知，推测大体与其他噪鹛属动物的食性相似，喜食小型昆虫和果实等

中国盛产噪鹛，一共分布有57种噪鹛，除了白点噪鹛，还包括常见的画眉鸟。噪鹛通过鸣唱，表达驱赶、应答、求偶等含义。条件合适时，雌鸟还会和雄鸟形成二重唱。白点噪鹛也会“唱歌”，当地人将它称为“雪山画眉”。

为了得到白点噪鹛，一些缺乏动物保护意识的人，把它们捕捉为笼鸟售卖。在我国，捕捉、贩卖国家一级保护野生动物是违法行为。

找一找

你能找出白点噪鹛和棕颏噪鹛的区别吗？

短尾信天翁

6月20日 多云间阴

今天，我们一家坐船出海游玩，我很兴奋。船长叔叔说，在海上有机会看到短尾信天翁。短尾信天翁是一种体形很大的飞鸟，也是濒危的国家一级保护野生动物。不久，我们看到海上飞来一只巨大的“海鸥”，是短尾信天翁来了！它有着流线型的身体和长长的翅膀。仔细看，它的肚子和背部是白色的，翅膀是黑色的。我对着天空喊道：“这就是短尾信天翁！太美了！我们一定要好好保护它！”

日记点评

作者通过自己细致的观察描写出短尾信天翁的外貌特征，整篇日记结构流畅，并且在描写时用了“流线型”“濒危”这类科学词汇，将自己掌握的科学知识活学活用，让人刮目相看。

物种卡片

短尾信天翁是一种大型海鸟，属于鹱形目信天翁科，是国家一级保护野生动物。除了短尾信天翁，全世界还有 13 种信天翁。

名称	分布 / 栖息	特点	食性
短尾信天翁、海燕	分布于北太平洋与亚洲西太平洋地区，繁殖于小笠原、琉球和澎湖等岛屿，栖息在海洋中偏僻、多岩石的孤立小岛	不常鸣叫，多滑翔于海面，会游泳，但不潜水。性情警觉，孤僻安静	以水表层的小型软体动物和小鱼为食，偶尔也食用渔船上人类丢弃的动物内脏

短尾信天翁幼鸟的颜色会不断变化。第 1 年幼鸟羽毛呈暗褐色，随着年龄增加，逐渐长出白色飞羽，第 4 年身体大部分变为白色。可以活到 40 ~ 60 岁。

短尾信天翁还是忠贞的鸟类，一旦选择伴侣便一生不更换。每到繁殖期，它们都会在繁殖地等待配偶归来。

找一找

短尾信天翁会把巢建在哪里呢？

斑尾榛鸡

5月14日 多云间晴

今天爷爷带我来巡山护林。刚到半山腰时，我突然发现树上有动静。我仔细观察才发现，一只带着保护色花斑纹、长得很像野鸡的大鸟，正站在枝头啄食树芽。爷爷告诉我们，这是斑尾榛鸡，我国特有的国家一级保护野生动物。斑尾榛鸡平时很低调谨慎，发现危险时，它会藏在树上或者在地面一动不动，难以被人们发现。因为环境被人为破坏，加上被天敌捕猎，它们生活范围很狭窄，处于濒危状态。

日记点评

作者采用了拟人的修辞手法，赋予斑尾榛鸡以人的性格特点，用“低调”“谨慎”等形容词，生动地展示了斑尾榛鸡善于伪装隐藏的特性，用词恰当，创意十足。

物种卡片

善于“伪装”的斑尾榛鸡属于鸡形目雉科，被列为《世界自然保护联盟濒危物种红色名录》“近危”物种，是国家一级保护野生动物。

名称	分布 / 栖息	特点	食性
斑尾榛鸡	仅分布于甘肃、青海、四川，栖息于海拔 2500 ~ 3500 米的山地森林草原，金腊梅、山柳和杜鹃灌丛等地	季节性垂直迁徙，冬季常迁到低海拔的云杉林或云杉混交林，春夏季则往高海拔森林草原迁徙	以柳和榛的鳞芽、叶，云杉种子，以及其他植物的花、花序、叶、嫩枝梢为食，亦捕食小毛虫、金花虫等

斑尾榛鸡平时喜欢在树上活动和栖息，晚上也在云杉树上过夜。但育雏期间，它们几乎完全在地上活动，直到雏鸟能飞翔时才过渡到树栖生活。

雌鸟在草地、林间灌木遮挡的隐蔽平地上筑巢。筑巢时，会在地上扒出圆坑，垫上云杉细枝或禾本科与莎草的茎、叶，里边垫上苔藓、羽毛和绒羽。

斑尾榛鸡的身上有非常适合隐藏的斑纹，在周围环境里可以形成很好的保护色。在野外，有时你走到它的巢前也不会发现它。

找一找

斑尾榛鸡藏在哪里?

黑嘴松鸡

5月30日 天气晴朗

今天爸爸妈妈带着我和妹妹一起来到了动物园，我们看了东北虎、狮子和各种各样的鸟类。在鸟类园区，我看到了一只非常漂亮的“鸡”，我分不清它是鸡还是鸟。它的嘴巴和脚都是黑色的，靓丽的羽毛在阳光下非常鲜艳，有青紫色的金属光泽，黑色的尾羽末端还镶了个白色的边边，很是好看，仿佛穿了一件漂亮的裙子。爸爸看着旁边的知识牌对我说，这是黑嘴松鸡雄鸟，是典型的针叶林鸟类，它的体形很像家里养的鸡，雄鸟和雌鸟外观差别很大，雌鸟的羽毛大多是锈棕色，上面杂有黑褐色的横斑和灰白色的羽缘。黑嘴松鸡主要以植物的嫩芽、嫩枝、果实和种子为食，是国家一级保护野生动物。

日记点评

这篇日记善用比喻的修辞手法，把黑嘴松鸡的羽毛比作“漂亮的裙子”，突显出观察对象的形象特点。用了“青紫色的金属光泽”“镶了个白色的边边”一系列细节描写，用词恰当、形象。同时，作者非常细心地记录了黑嘴松鸡雄鸟和雌鸟羽毛的不同之处。

物种卡片

黑嘴松鸡是鸡形目雉科的鸟类，是国家一级保护野生动物。

名称	分布 / 栖息	特点	食性
黑嘴松鸡、棒鸡、乌鸡、林鸡	分布在大兴安岭、小兴安岭和长白山区海拔300～1000米的落叶松及松树林	雌雄有别，雄鸟大体黑褐色，肩、翼及尾部白斑显著；雌鸟上体锈棕色，具暗斑，肩、翼、尾亦具白斑	主要吃植物的嫩枝、嫩芽、果实和种子，也吃蜗牛、蚂蚁等昆虫及昆虫卵

黑嘴松鸡活动和觅食均在白天，天刚亮时就开始活动，一直到黄昏时才停下栖息；善于在地面行走，除了上下树，一般较少飞翔；多在树上采食，有时也在地上。

雄鸡以“帮帮”的鸣叫声寻找雌鸡，在雌鸟面前献舞求婚。

雌鸟会用脚在地面挖出凹窝，再叼些落叶松松针、树皮、小松枝和自己的羽毛等垫入凹窝中。筑巢材料主要是松针。

找一找

黑嘴松鸡藏在哪里？

红喉雉鹑

5月31日 晴天间多云

今天是爷爷上山巡逻的日子。爷爷一大早就把我叫起来，说要带我去找一种很特别的鸟类。我们快到达山顶的时候，爷爷指着不远处的灌木丛说，那就是我们今天要寻找的目标了。可是在哪里呢？我找了好久，才在灌木丛里看到一丛“会动的灌木”，原来这就是我们要找的鸟。它身上羽毛布满褐色斑点，在灌木丛里很好地隐藏了身形。

我拿起望远镜远远看去，看到一只褐色的鸟，爷爷跟我说，这是红喉雉鹑，虽然它是鸟类的一种，但是它的飞翔能力极差，善于在地面上行走和奔跑。

日记点评

作者运用疑问句加比拟的修辞手法，两个技巧相结合，深刻地突出了红喉雉鹑善于利用保护色隐藏的特点。同时，作者观察细致，准确地描写出了红喉雉鹑羽毛的纹理和颜色。

物种卡片

红喉雉鹑是鸡形目雉科的鸟类，是我国的特有物种，也是国家一级保护野生动物。

名称	分布 / 栖息	特点	食性
红喉雉鹑	分布于四川西部、青海、云南西北部。主要在海拔 3000 ~ 4500 米的高山针叶林灌木丛、草坡和岩石地区活动	飞翔能力差，很少起飞。性情胆怯，遇到敌害时常常逃到灌丛中躲避	主要吃植物根茎、果实和种子，偶尔也吃昆虫

红喉雉鹑通常单独或成对出现，在森林线附近的空旷地带觅食。

红喉雉鹑在峭壁岩石下的洞穴或灌木、杂草丛中的地面上做巢。地面巢比较简陋，只是岩石边的一个浅坑，内有少量羽毛。每窝产卵 3 ~ 7 枚，卵的颜色为淡黄色至暗褐色，布有红褐色斑点和斑块。

找一找

红喉雉鹑躲在哪里呢？

胡兀鹫

5月19日 多云间阴

今天，我和爸爸妈妈一起来到西藏旅游。在游玩途中，我发现远处的悬崖峭壁上有一个巨大的鸟巢。在鸟巢的上空，有一只巨大的鸟在盘旋，然后停留在崖壁上。我拿起望远镜远远看去，它长着“胡子”，朴素的灰褐色羽毛布满全身，头是灰白色的，眼睛附近黑色的羽毛让它看上去就像戴着墨镜一样。整只鸟看起来就像穿着旧披风、戴着墨镜的荒野牛仔，让我联想到有关荒野探险的电影。爸爸告诉我，这种鸟叫胡兀鹫，它个性孤僻，常单独活动，不喜欢和其他猛禽合群，经常出现在荒凉的山谷里，会捕捉小动物，也会吃大型动物的尸体！

日记点评

作者运用“悬崖”“巨大”等词语描写出胡兀鹫的生活环境，并综合运用拟人、比喻、联想等技巧，生动形象地突显了胡兀鹫的外貌和性格特征。

物种卡片

胡兀鹫是鹰形目鹰科的鸟类，是国家一级保护野生动物。

名称	分布 / 栖息	特点	食性
胡兀鹫、大胡子鹫、胡子雕、髭兀鹫、胡秃鹫	在我国主要分布于西藏及周边地区，生活在海拔 500 ~ 6000 米的山地裸岩、高寒草甸、山地干草原、荒漠等地区	嘴下悬黑须，因而得名。视力超群，视网膜视觉细胞数量约为人类的 7 ~ 10 倍	主要以大型动物尸体为食，尤爱食新鲜尸骨

胡兀鹫的头部和两侧呈灰白色，眼前有黑色贯眼纹，嘴部宽大侧扁，颏下有黑色刚毛，上体黑灰色，下体乳白色，胸具黑领，嘴部黑褐色，脚部被羽毛覆盖，脚趾苍灰色，爪子黑色。

胡兀鹫在高山崖壁上的大缝隙或岩洞里筑巢。巢主要由枯枝构成，里面垫着枯草、细枝、棉花、废物碎片、动物毛发等。

找一找

在青藏高原地区，生活着胡兀鹫和高山兀鹫，请找一找它们有什么区别。

金雕

5月20日 天气晴朗

今天我和家人一起去爬山。我们准备爬到山顶的时候，发现一只大鸟从高空飞到岩石峭壁上，距离我们非常近。我既紧张又兴奋，因为这是我第一次近距离见到这么大的鸟，我感觉它张开翅膀的时候，比我还要大。通过望远镜，我看到它威武地站在峭壁上，四处张望。它的爪子又大又有力，让我想起小时候划伤我的铁钩子。爸爸激动地告诉我，这是金雕，它张开翅膀飞行的时候，翼展会超过2米！它会捕食山羊和大型的鸟类，是国家一级保护野生动物。我真有点害怕它把我叼走。

日记点评

这篇日记运用了比喻的修辞手法，把金雕的爪子比喻成铁钩，突出了金雕爪子的形状特点，同时加上生动的心理描写，写出了作者第一次见到金雕时的心情，让读者感受到了金雕的威猛。

物种卡片

金雕是鹰形目鹰科的鸟类，是国家一级保护野生动物，被称为“猛禽之王”。

名称	分布/栖息	特点	食性
金雕、金鹫、老雕、洁白雕、鹫雕	分布于东北、新疆、甘肃等地，生活在森林、草原、荒漠、河谷地带	世界上分布最广的猛禽种类之一	以雁鸭类、雉鸡类、狍子、鹿、山羊、狐狸、旱獭、野兔等为食

金雕善于翱翔和滑翔，常在高空中一边呈直线滑翔或圆圈状盘旋，一边俯视地面寻找猎物。金雕的双爪是金色的，非常有力，翼展达2.3米。借助俯冲向下的冲击力，金雕强大的爪子会像利钩一样扎穿猎物颈背，让猎物失去反抗能力。据计算，金雕的爪子力量是普通男性握力的15倍。

金雕常在高山岩石峭壁之上或空旷处的大树顶上停栖，观察周围情况，在草地、灌草丛、山坡及丘陵地带捕猎。

找一找

你能看出金雕的爪子有什么特点吗？

秃鹫

5月24日 阳光明媚的晴天

今天，我和爸爸妈妈一起来到新疆旅游。在草原上我发现了一只正在吃动物尸体的大鸟，我非常好奇，因为它正把头伸进动物尸体的肚子里，吃里面的内脏。在望远镜里，它显得脏兮兮的，全身羽毛棕黑色，头部和颈部裸着，带有一些绒毛，让我想起穿着破旧斗篷的“秃头探险家”。它用又大又尖利的嘴拉出碎肉大口吞咽。爸爸告诉我，这种鸟叫秃鹫，是国家一级保护野生动物，它是高原上体形最大的猛禽之一，翼展有2米多长。

日记点评

作者观察细微，综合运用拟人、比喻、联想等技巧，把秃鹫想象成穿着旧斗篷的“秃头探险家”，形象地刻画了兀鹫“不修边幅”且奇特的外貌，把秃鹫的特征描写得极好。

物种卡片

秃鹫是鹰形目鹰科的鸟类，是国家一级保护野生动物。

名称	分布 / 栖息	特点	食性
秃鹫、狗头鹫、天勒、狗头雕、座山雕、欧亚黑秃鹫	栖息在海拔2500米以上的高山、高原、草地、灌木丛和半荒漠地带	颈后有部分裸秃，故名秃鹫	以大型动物的尸体和其他腐烂动物为食，也会捕食中小型兽类、两栖类、爬行类和鸟类，或袭击家畜

秃鹫擅长一种节能的飞行技巧——滑翔，常常在高空悠闲地翱翔或滑翔，偶尔也会在低空飞行。它凭借宽大的翅膀，能够翱翔数小时之久。

秃鹫善于发现孤零零躺在地上的动物。经过进化，秃鹫拥有了强大的免疫系统和卓越的视力。

找一找

下图分别是秃鹫和高山兀鹫，请找一找它们有什么区别。

乌雕

5月21日 晴空万里

今天我和爸爸来到草原上放羊，远远地看到湖边的树林里有一只大鸟在用力地撕扯什么。我眯起眼睛仔细观察，原来是一只乌雕在捕食野兔，这真是难得一见的画面。我们怕惊动了它，没有靠近，远远地观察了一会儿就离开了。一回到家，我迫不及待地打开电脑，在互联网上查阅乌雕的资料。乌雕是一种中大型猛禽，体长可以到 60 ~ 70 厘米，翅膀张开的时候超过 1.5 米。弟弟在旁边激动地扬起手大喊："哇，那它可比我们家里的小狗还要大呀！"成年的乌雕全身是暗褐色的，所以被叫作乌雕。

日记点评

这篇日记的出色之处在于作者详细记录了发现乌雕、观察乌雕、了解乌雕的过程，内容全面，知识性强。"迫不及待"这个成语，表现出作者有强烈的好奇心和求知欲，运用得十分恰当。

物种卡片

乌雕属于鹰形目鹰科的鸟类，是国家一级保护野生动物，被列入《世界自然保护联盟濒危物种红色名录》“易危”物种。

名称	分布／栖息	特点	食性
乌雕、花雕、小花皂雕	广泛分布于亚欧大陆，栖息在低山丘陵和开阔平原的森林中，常见于河流、湖泊、沼泽等地	中大型猛禽，留鸟，飞行时两翅宽长而平直，两翅不上举	以野兔、鼠类、野鸭、蛙、蜥蜴、鱼和鸟类等小型动物为食，也吃动物尸体和大型昆虫

乌雕在白天活动，喜欢独自捕猎，经常站立在树梢上观察，有时在林缘和森林上空盘旋。

乌雕全身羽毛暗褐色，背部略呈紫色光泽，胸部和颏喉为黑褐色。尾羽短圆，基部有V形白斑和白色端斑，虹膜褐色，嘴黑色且基部浅淡，爪黑褐色，鼻孔圆形。尾上覆羽有白色U形斑，飞行时可见。

乌雕一般在森林中的松树、槲树或其他高大的乔木树上做巢。它的巢结构较大，主要由枯树枝构成，里面垫有细枝和新鲜的小枝叶，结构为平盘状，较为简陋。

找一找

你能找出哪一只是乌雕，并说出它生活的地方吗？

白鹤

11月23日 有风的阴天

今天，我跟家人来到了美丽的鄱阳湖旅游。在湖边，我们看到了一只正在低头觅食的大鸟。它慢悠悠地抬起修长的腿，弯下长长的脖子，捕食湖里的鱼，时不时还会一只脚站立。它优雅地伫立在湖边，飞舞的时候就像芭蕾舞演员一样优美。妈妈说，这是国家一级保护野生动物白鹤，它是一种寿命很长的鸟类，一般寿命为70多岁，在中国也是一种象征着吉祥、长寿的动物哦！

日记点评

作者运用了“优雅”“修长”“慢悠悠”“伫立”等词语，非常形象地展现出白鹤如鸟中贵族般雍容华贵的形态特点，并用比喻的修辞手法，突显出白鹤优美的形象特点。

物种卡片

白鹤属于鹤形目鹤科的鸟类，是国家一级保护野生动物，被列入《世界自然保护联盟濒危物种红色名录》“极危”物种。

名称	分布 / 栖息	特点	食性
白鹤	栖息在开阔平原的沼泽和大湖附近，曾在中国内蒙古达赉湖、黑龙江中部齐齐哈尔和辽东一带，以及俄罗斯西伯利亚地区繁殖	数量稀少，全球不到4000只。胆小机警，一有动静就会立刻起飞	以水生植物的根、茎为食，喜食苦草、眼子菜、苔草、荸荠，有时捕食蚌、螺、软体动物、昆虫、甲壳动物等

白鹤的面上裸皮为鲜红色，腿呈粉红。虹膜黄色，喙橘黄色，脚粉红色。初级飞羽为黑色，展翅时才显现。雌雄羽色相同，但雌鸟体形稍小。幼鸟羽毛染金棕色。

白鹤是一种要越冬的候鸟，来中国南方越冬的时间在11月初至11月中旬，直到次年3月末至4月初才成群离开。

找一找

找到下图物品中的白鹤图案。

丹顶鹤

4月10日 晴天

今天，我跟爸爸妈妈来到了美丽的湿地公园。这里有一望无际的大沼泽、清澈的湖泊，还有各种各样的动物。在苇塘边，我们看到了好几只美丽的丹顶鹤，它们昂着头引吭高歌。有两只靠近我们的丹顶鹤翩翩起舞，妈妈兴奋得语无伦次："包里，快给我手机，要录下来！"

我发现，丹顶鹤好像真的会跳舞，它们就像优雅的舞蹈家一样，时而伸出修长的颈扬起头，时而屈膝低头，时而还会在空中跳跃。

爸爸告诉我，丹顶鹤是国家一级保护野生动物，"鹤舞"可是非常难得一见的景象。

日记点评

作者运用了比喻的修辞手法，把丹顶鹤比作优雅的舞蹈家。"引吭高歌""翩翩起舞"两个成语使用恰当，十分生动贴切。此外，日记里还记录了妈妈兴奋的状态，通过这样的侧面叙述，突显了"鹤舞"的难得一见。

物种卡片

丹顶鹤是属于鹤形目鹤科的鸟类，是国家一级保护野生动物。

名称	分布 / 栖息	特点	食性
丹顶鹤、仙鹤、红冠鹤	分布于东亚北部地区，栖息于四周环水的浅滩上或苇塘边	寿命长达 50 ~ 60 年，在中国传统文化中是忠贞清正、品德高尚的象征	以鱼、虾、水生昆虫、软体动物、蝌蚪、沙蚕、蛤蜊、钉螺为食，也吃水生植物的根、茎、叶和果实

丹顶鹤到达繁殖地后不久，即开始配对和占领巢域，雄鸟和雌鸟彼此通过在巢域内的不断鸣叫来宣布对领域的占有。

丹顶鹤是大型涉禽，颈长脚高。站立时，颈尾飞羽和脚皆为黑色，头顶红亮，其余部分皆白色。飞翔时，仅次级飞羽、三级飞羽、颈部及脚为黑色，其余部分皆白色。幼鸟头颈棕褐色，体羽白色带栗色。

找一找

丹顶鹤和白鹤有什么不同？

赤颈鹤

5月24日 多云

今天，我跟家人来到了云南西双版纳旅游。我们跟随导游来到一片绿油油的河滩时，看到了几只红色头颈的鹤。“这是丹顶鹤吗？不像呀！”我想起珍稀鸟类白鹤和丹顶鹤，可是感觉这几只鹤明显不一样。它们的头颈部布满了红色的羽毛，就像是围着红围巾、戴着红头套一样，不像丹顶鹤那样只有头顶是红色。爸爸立即打开手机查阅了相关资料，才知道这种鸟叫作赤颈鹤，是国家一级保护野生动物。它们的头部、喉部和颈上部是鲜红色没有羽毛的，修长的白色内侧飞羽垂下来覆盖着尾部。

日记点评

作者运用对比的修辞手法，在回忆丹顶鹤时突出了赤颈鹤的外貌特征。同时，在描述赤颈鹤头颈特征时，恰当地运用比喻的修辞手法，以“红围巾”“红头套”等词突出赤颈鹤的形态特点。

物种卡片

赤颈鹤属于鹤形目鹤科，是一种大型涉禽，国家一级保护野生动物。

名称	分布 / 栖息	特点	食性
赤颈鹤	分布于澳大利亚、柬埔寨、中国、印度、老挝、缅甸、尼泊尔、巴基斯坦、越南，栖息于开阔平原的草地、沼泽、湖边及浅滩	体形在鹤类中最大，是唯一在亚洲喜马拉雅山以南繁殖的鹤类，常成对或成家族群在水边和原野觅食	以鱼、蛙、虾、蜥蜴、谷粒、水生植物根茎为食

赤颈鹤的叫声响亮持久，有的像响亮的喇叭声。鸣叫时颈伸直，嘴朝向天空。

赤颈鹤的头、喉、颈上部裸露，皮肤粗糙鲜红，繁殖期尤甚。头顶灰绿色且平滑，嘴基部有灰白色羽斑，眼先有黑色刚毛，颈基部偶见白环。覆羽黑色，部分飞羽延长，覆盖淡灰尾羽，余羽均为灰色。虹膜橙色，嘴灰绿色，足趾肉红或粉红色。

找一找

下面的图中，哪只赤颈鹤的栖息环境是错误的？

东方白鹳

5月26日 风和日丽

我跟家人来东北旅游。今天，我们来到了湿地公园玩耍。湿地公园里面有各种各样的动物，但是最吸引我的是一群身体长着白色羽毛、黑色翅膀的鸟。爸爸通过查阅资料，了解到这种鸟叫作东方白鹳，属于鹳科鹳属，是一种大型涉禽，被誉为“鸟中国宝”。我们在草丛边观察了这群东方白鹳好一会儿，发现它们性格安静但很机警，在飞行和行走的时候，动作缓慢，看起来很优雅。

日记点评

日记中采用直叙的方式描写和记录作者到湿地公园观鸟的过程。作者运用“安静”“机警”“缓慢”“优雅”等词语对东方白鹳的性格和形态进行了刻画，运用恰当，值得表扬！

物种卡片

东方白鹳是鹳形目鹳科的鸟类，被誉为“鸟中国宝”，在《世界自然保护联盟濒危物种红色名录》中属于“濒危”等级，是国家一级保护野生动物。

名称	分布 / 栖息	特点	食性
东方白鹳	分布于东亚、西伯利亚东南部，栖息于开阔而偏僻的草地、河流、湖泊、湿地、沼泽、水稻田等地	机警胆怯，避人。如遇入侵者，会快速发出“嗒嗒嗒”声示警，同时伸直颈部，后仰并摆动头部，展半翅，竖尾羽，不停走动	以鱼、蛙、鼠、蛇、蜥蜴、蜗牛、甲壳动物、环节动物、昆虫成虫及幼虫等为食

东方白鹳行走和飞行时动作优雅，常常单脚站立在水边沙滩上或草地上。

东方白鹳觅食时常成对或成小群漫步在水边、草地或沼泽地上，步履轻盈矫健，边走边啄食。常吃沙砾和小石子来帮助消化食物。

找一找

你能区分赤颈鹳和东方白鹳吗？

海南孔雀雉

5月20日 阳光明媚

我和爸爸妈妈来海南岛旅游。今天，我们特意来到动物园观察珍稀鸟类。在一片茂盛的竹丛中，我看到一只灰褐色的“小孔雀”。爸爸说，它就是我们寻找的海南孔雀雉，是鸡形目雉科的鸟类，和家养的鸡是“亲戚”。刚看到名字时，我还以为它是一种孔雀呢，正觉得有些失望，突然，一只雄海南孔雀雉像打开扇子一样展开了漂亮的羽毛。“哎呀，它会开屏！和孔雀一样会开屏！”我兴奋地大喊。它的羽毛非常炫目，像是布满了无数眼睛，使这只孔雀雉看上去仿佛一只千眼神鸟。

日记点评

作者运用了对比的修辞手法，把海南孔雀雉和孔雀作比较，突出了“失望”之后的“兴奋”之情，非常形象生动地表现出自己的心理活动。而后仔细描写了海南孔雀雉开屏的动作，并采用了比喻的修辞手法，以“千眼神鸟”作为喻体，形象地刻画出海南孔雀雉开屏时的炫目外观。

物种卡片

海南孔雀雉是鸡形目雉科的珍稀鸟类，属于国家一级保护野生动物，被列为《世界自然保护联盟濒危物种红色名录》"濒危"物种。

名称	分布 / 栖息	特点	食性
海南孔雀雉	仅分布于中国海南岛，栖息于海拔 1500 米的山林和竹丛中	叫声独特，雄鸟发出嘹亮悦耳的"guang-gui, guang-gui"两声一度的鸣叫，第一声较长。雌鸟发出"ga-ga-ga"的速叫声	以动物性食物为食，喜食昆虫和蠕虫类

海南孔雀雉常栖息在山林和竹丛中，常单独或成对活动。非常机警，一有动静就会马上飞走，或者钻进稠密的枝丫间。

雌雄长相很不一样，雄鸟拥有非常漂亮的羽毛。

找一找

海南孔雀雉的食物有哪些呢？

绿孔雀

5月25日 多云

趁着周末，我跟爸爸来云南旅游，这里有占地面积非常宽广的动物园。在一片灌木旁的草地上，我们看到一只毛色绚丽的孔雀，它的头顶有一簇直立的冠羽，后背的羽毛呈翠绿色，光泽绚丽，就像戴着后冠、穿着盛装的女王。在阳光下，它拖着长长的尾巴，华丽的尾屏十分醒目，让我想起铺地的长裙。爸爸告诉我这是绿孔雀，这只拥有长长的尾羽，优雅地行走在草地中间的，其实是雄性绿孔雀，它会在雌性绿孔雀面前开屏呢！

日记点评

作者把绿孔雀的细节描写得很到位，大量运用了比喻、拟人的修辞手法，使用了“光泽绚丽”“后冠”“盛装”等词，把绿孔雀塑造成一位穿着华丽、姿态优雅的女王，向我们生动形象地描绘了绿孔雀的绚丽外观。

物种卡片

绿孔雀，是体形最大的雉科鸟类，是国家一级保护野生动物。

名称	分布 / 栖息	特点	食性
绿孔雀、爪哇孔雀、越鸟、龙鸟	分布于南亚、东南亚，栖息于海拔 2000 米以下的热带、亚热带常绿落叶阔叶林和针阔混交林	雄性绿孔雀在求偶时会开屏，一旦遇到敌人而又来不及逃避时，也会开屏恐吓	以川梨和黄泡的果实、嫩树叶、芽，以及蘑菇、豌豆、稻谷、白蚁、蚯蚓、蜥蜴、蛙等为食

绿孔雀是大型雉类，体长 180 ~ 230 厘米。雌性和雄性长得不一样，雄性有绚丽的外观，非常容易识别。

绿孔雀的繁殖期为 3 ~ 6 月。在此期间，雄鸟的羽色尤为艳丽夺目，它们会频繁地在雌鸟周围穿梭，展示其魅力。由于雌鸟数量有限，雄鸟之间还常常因为争夺配偶而发生激烈争斗。

绿孔雀胆小怕人，非常机警。在活动时，它会时常抬头观望周围动静，发现人时，会马上逃走或向远处飞去。

找一找

你能找出绿孔雀和海南孔雀雉有什么区别吗?

青头潜鸭

5月30日 晴天

今天天气晴朗，我跟家人一起来到森林公园玩。走到湖边时，我看见一群鸭在欢快地游泳。它们很安静，不会大声鸣叫，时不时收拢起翅膀深深潜入水里。

它们醒目的外形引起了我的注意。它们的头和颈是黑色的，脑袋后有部分漂亮的羽毛发出绿色的光泽。它们的身体背上是黑褐色，下腹是白色的，和胸部的栗色截然分开。“这是参加时装展的鸭子吗？”我笑呵呵地对爸爸说。爸爸说这是青头潜鸭，它们可是非常稀有的，是国家一级保护野生动物。

日记点评

作者运用分点描写的技巧，突出了青头潜鸭“安静”“潜水”“漂亮的羽毛”等几项显著的特征，描写通顺，注重细节，并采用了拟人的修辞手法，风趣幽默地展示了青头潜鸭毛色绚丽的外形特点。

物种卡片

青头潜鸭属于雁形目鸭科，是一种极度濒危的鸟类，被列入《世界自然保护联盟濒危物种红色名录》“极危”物种，是国家一级保护野生动物。

名称	分布 / 栖息	特点	食性
青头潜鸭、白目凫、东方白眼鸭、青头鸭	分布于中国黑龙江、吉林、辽宁、内蒙古及河北东北部等地区，主要栖息在有芦苇和蒲草等水生植物的小湖、水塘和沼泽地	翅强而有力，飞行速度极快，也能很快地在地上行走。善于潜水和游泳，在水面起飞也很灵活。性胆怯，受惊时立刻从水面冲起	以各种水生植物的根、叶、茎和种子为食，也吃软体动物、水生昆虫、甲壳类、蛙等动物性食物

青头潜鸭雄性头部和颈部为黑色，有绿色光泽，上体为黑褐色，尾下和翼下覆羽为白色。雌性头部和颈部为黑褐色，腹部以白色羽毛为主，两翅、腰和尾上尾下覆羽与雄性基本相同。

青头潜鸭是迁徙性鸟类，每年3月中旬即从南方越冬地迁往北方繁殖；秋季于10月中旬开始迁往南方，少数迟至11月初。

找一找

青头潜鸭跟绿头鸭长得几乎一模一样，你能分辨出它们吗？

观察和记录鸟类，有哪些工具呢？

1. 相关资料：《国家重点保护野生动物名录》、各种鸟类图鉴。

2. 迷彩服：鸟类生性机警，贸然接近可能会惊扰到它们。尽量穿着朴素，避免身上出现过于醒目的颜色和图案，如有条件，迷彩服是最好的选择。

3. 望远镜：可以清晰地看到远处。鸟类通常生活在树上，在不惊动鸟类的情况下，我们可以通过望远镜，在陆地上清楚地观察它们。

珍稀鸟类的栖息地通常在野外，做好这些准备，可以让你在野外观测时事半功倍。

1. 双肩包：不仅可以携带许多在野外必备的物资，比如食物、工具和生活用品等，还便于我们在观察鸟类时，腾出双手使用望远镜。

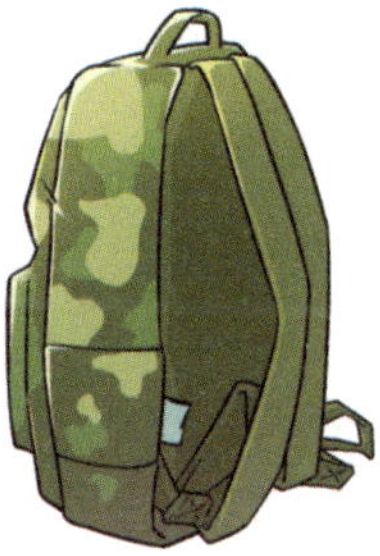

2. 地图：重要资料，用来决定调查计划和路线，避免在野外迷路。

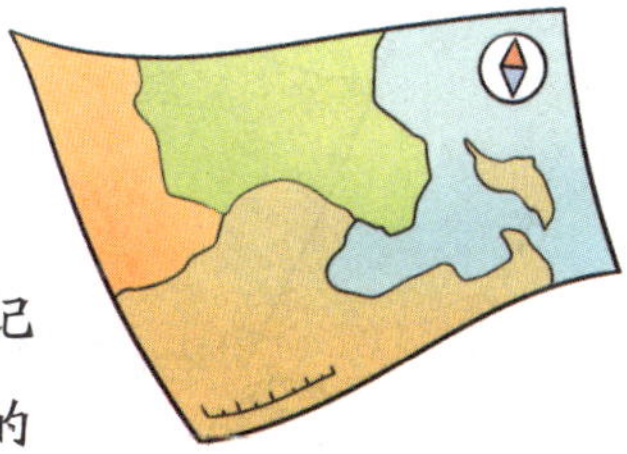

3. 记事本与笔：可以用来记录观鸟的时间、地点，以及鸟类的外貌、特点、习性等。

4. 数码相机： 可以及时拍摄下观测到的鸟类，并且相片能够长时间保存，作为参考资料使用。

5. 测距仪： 用来测量观察者与鸟类之间的距离，以便选取最佳观察位置，避免惊扰鸟类。

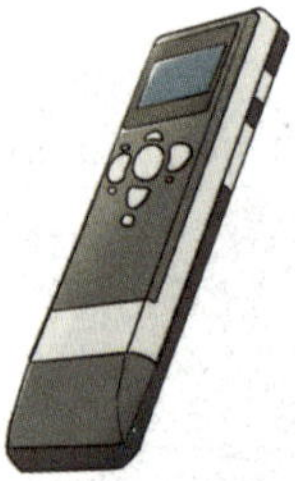

6. 录音笔： 可以记录鸟类的叫声，以及周围环境的声音，以便进行后续的记录和对鸟类的栖息环境进行研究。

怎样观察鸟类？

观察鸟类的各个部位，如头部、喙部、胸部、尾部、翅膀、羽毛、腿等，并记录它们的叫声特点。在观察鸟类时要注意隐蔽，不要吓跑它们哦！

稀有物种观察日记

稀有鱼类观察日记

彭麦峰 著　一本书文化 绘

广西科学技术出版社

图书在版编目（CIP）数据

稀有鱼类观察日记 / 彭麦峰著；一本书文化绘 . —南宁 : 广西科学技术出版社 , 2024.10
（稀有物种观察日记）
ISBN 978-7-5551-2212-8

Ⅰ . ①稀 ... Ⅱ . ①彭 ... ②一 ... Ⅲ . ①鱼类—少儿读物 Ⅳ . ① Q959.4-49

中国国家版本馆 CIP 数据核字 (2024) 第 103211 号

XIYOU YULEI GUANCHA RIJI
稀有鱼类观察日记
彭麦峰　著　　一本书文化　绘

责任编辑：邓　霞　　　　责任校对：吴书丽
装帧设计：张亚群　韦娇林　　　　责任印制：陆　弟

出 版 人：岑　刚　　　　出版发行：广西科学技术出版社
社　　址：广西南宁市东葛路 66 号　　　　邮政编码：530023
网　　址：http://www.gxkjs.com　　　　编辑部电话：0771-5871673

印　　刷：运河（唐山）印务有限公司
开　　本：787 mm×1092 mm 1/16
字　　数：96 千字　　　　印　　张：6
版　　次：2024 年 10 月第 1 版　　　　印　　次：2024 年 10 月第 1 次印刷
书　　号：ISBN 978-7-5551-2212-8
定　　价：45.00 元

目录

青海湖裸鲤

4月12日　阳光明媚

我和父母来到了青海湖，这里风景如画，还有令人印象深刻的青海湖裸鲤。青海湖裸鲤也叫湟鱼，它们滑滑的身躯竟然没有鳞片。

游玩时，在河湖交界的地方，我远远看到有一条黑色的“带子”在晃动。走近一看才发现，这是成千上万条青海湖裸鲤在奋力地游动。我被这场景深深地震撼了。爸爸说，这是青海湖裸鲤在洄游，它们每年的三四月都会游进青海湖附属的淡水河流中。

日记点评

日记记录了在青海湖的见闻，“风景如画”用词恰当。日记在平铺直叙的写作当中，突出对黑色“带子”和这个“震撼”场景的刻画，让读者对青海湖裸鲤的数量、习性印象深刻。

物种卡片

震撼作者的青海湖裸鲤，是青海湖中的珍稀物种，让我们跟着日记去看看吧！

青海湖裸鲤是我国独有的物种。青海湖裸鲤身上没有鳞片，颜色偏黄，喜欢群居。

名称	分布 / 栖息	特点	食性
青海湖裸鲤（湟鱼）	青海湖	身上鳞片退化了。春夏之交成群到淡水河口产卵，冬天躲在岩石夹缝中	喜欢吃浮游生物、底栖生物，还有一些藻类植物

青海湖裸鲤的祖先其实是有鳞片的。大概在13万年前，青海一带发生了剧烈的地壳运动，原本流淌的长河被局部封闭起来，形成了咸水湖。湖水盐分沉积，碱性和咸性都在增加，为了适应环境，生存在那里的鲤鱼鳞片逐步退化，成了现在的青海湖裸鲤。

为了让自己的后代在咸涩的湖水中更好地生存，青海湖裸鲤在每年的春夏之交，逆水游到咸水湖和淡水河交界处，把卵产在那里发育孵化。

找一找

哪些河是青海湖裸鲤妈妈最爱产卵的地方？

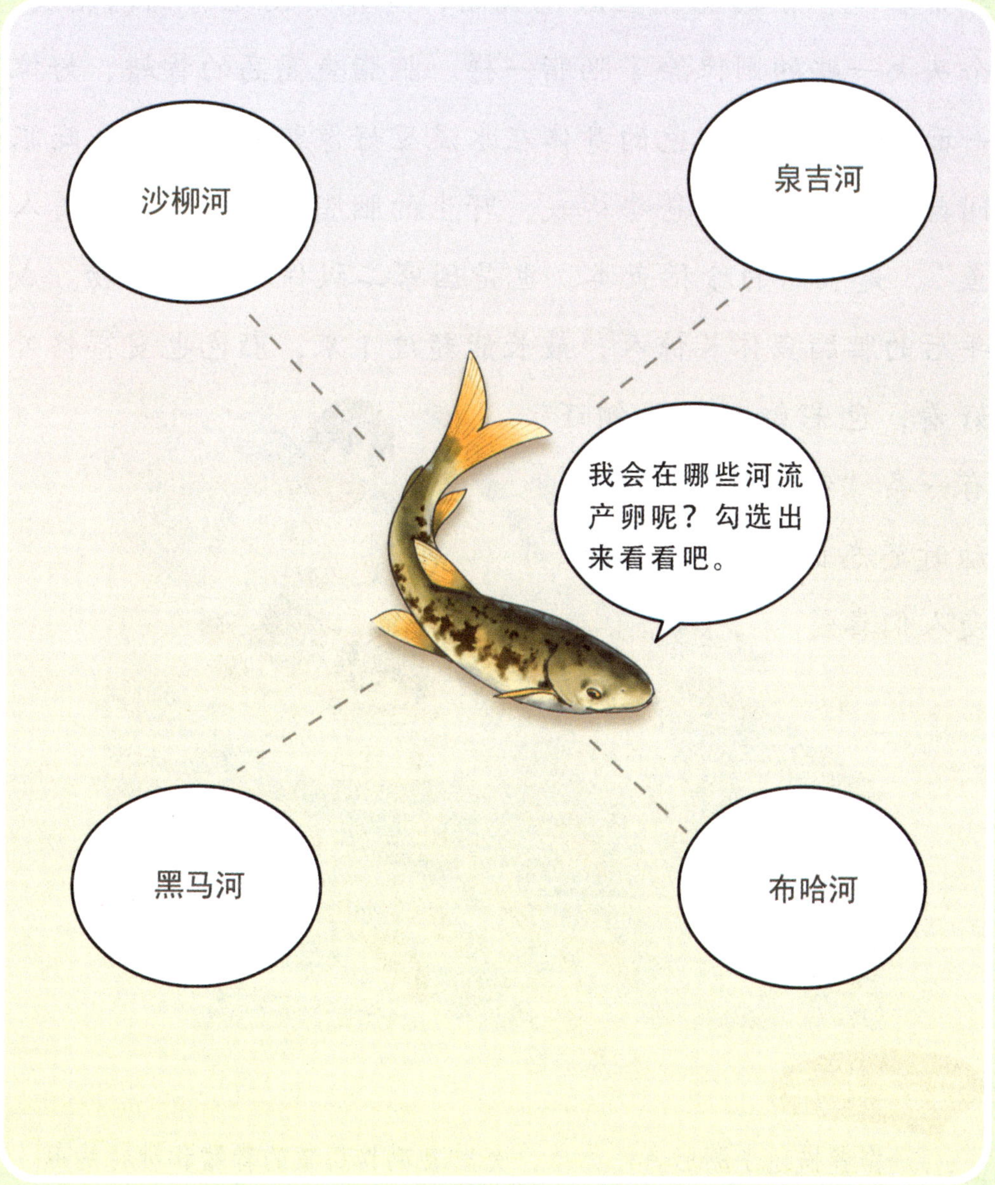

胭脂鱼

4月20日 晴

今天我和爸爸妈妈一起参加了胭脂鱼放流活动，场面非常壮观！小的胭脂鱼颜色偏暗，身体一侧还有褐色斑纹，个头大一些的则像涂了胭脂一样。胭脂鱼高高的背鳍，好像一面风帆。它粉红色的身体在水流里好像飘起来一样，眨眼间就不见踪影。爸爸告诉我，野生的胭脂鱼又叫“亚洲美人鱼”，是长江的珍稀鱼类，也是国家二级保护野生动物。成年后的胭脂鱼体长惊人，最长能超过 1 米；颜色也变得格外好看，色彩鲜艳；体侧还有一条“红飘带”，游动时姿态优雅，深受人们喜爱。

日记点评

作者描述了胭脂鱼的体态，突出表现其高高的背鳍和独特的颜色，语言非常生动。多次运用比喻的修辞手法，如用“胭脂”描写颜色，用“风帆”描写背鳍，用“红飘带”描写体侧特征。

物种卡片

让作者不断写出各种比喻句的漂亮鱼类，到底是什么样子的呢，让我们去看看吧！

野生的胭脂鱼是国家二级保护野生动物，非法捕捉、买卖、食用涉嫌违法犯罪。

名称	分布 / 栖息	特点	食性
胭脂鱼（黄排、火烧鳊、红鱼）	长江、福建闽江	幼鱼阶段喜欢群居在水流上层，成鱼多在水体中下层。胭脂鱼遇到危险会装死	喜欢吃底栖生物、水底泥渣中的有机物质，还有一些藻类和高等植物

胭脂鱼很早就存在于地球上了，可以追溯到恐龙统治的中生代。胭脂鱼身体侧看很扁，背部有一个突起的鳍，比较长，鳍的前部分明显凸起，且高耸，就像扬起的一面风帆，因此，人们给了胭脂鱼一个雅号——“一帆风顺”。

胭脂鱼曾经遭到过人们的大肆捕杀，所以它学会了装死，以应对人类的渔具。

找一找

小游戏：认识胭脂鱼的色彩和形态，找一找美丽的胭脂鱼！

大马哈鱼

9月10日 凉爽、多云

这是我第一次到我国东北旅行，在黑龙江支流，我见到了一种珍贵的鲑鱼，当地人把它们叫作大马哈鱼。在湍急的水流里，我看到大马哈鱼在快速游动，大嘴巴一开一合地，那些不知名的小鱼就进了它们的肚子，看起来特别凶猛。“爸爸快看，有鱼！”我大叫着。爸爸说：“‘白露前后，鲑鱼来’，这是大马哈鱼。它们3岁之前都生活在海洋里，长大后，就会游到河流里产卵。”

日记点评

作者对大马哈鱼的观察非常仔细，在日记中对大马哈鱼进食的场景进行了重点描写，“凶猛”一词的使用恰当传神。在叙述中，采用引用的修辞手法，增添了对大马哈鱼生活习性描写的趣味性和深度。

物种卡片

日记里重点描写了大马哈鱼的凶猛、洄游习性，我们来看看吧！

大马哈鱼在我国逐渐变得稀少，在 20 世纪 90 年代时锐减，2007 年在黑龙江监测到的数量不到 10 尾。同年，我国把大马哈鱼列入第一批重点保护水生野生动物名录。

名称	分布 / 栖息	特点	食性
大马哈鱼	在江河中出生，在大海中长大，而后又回到原出生河流产卵。在中国分布于黑龙江、乌苏里江、松花江、图们江等	幼鱼阶段喜欢群居生活在海里，成鱼在夏秋季洄游到出生地，在淡水河流域产卵	幼鱼时吃底栖生物和水生昆虫，在海里吃玉筋鱼和鲱等小型鱼类

大马哈鱼在从海里游到河里的过程中，体色逐渐暗淡下来，身体的一侧还出现了紫红色的斑纹。洄游途中，它们不管前面是瀑布，还是浅滩，都毫不退缩。

大马哈鱼经过长途迁徙，体色变暗淡，体形消瘦，身上可能还有伤口，产卵后，它们就会死亡。这个时候，原本肉质鲜美的大马哈鱼，便失去了食用价值。

数一数

大马哈鱼的“大冒险”：假设现在你是大马哈鱼，数一数游到淡水河的旅途上会有多少风险吧！

哲罗鲑

5月29日 风和日丽

神秘美丽的新疆喀纳斯湖一直吸引着我，今天我们一家终于来到了这里。在湖边，我一眼就看到了那神秘的哲罗鲑。它也叫大红鱼，身体又细又长，游动起来非常迅速。在这里有一个神秘的传说：相传，湖中有一个巨型“水怪”，能把湖边饮水的马拖下去。经过调查，科考人员推测这个“巨怪”应该是生活在湖中的哲罗鲑。哲罗鲑是一种非常凶猛的肉食鱼类，长大后体长可达 2 ~ 5 米，不过是否能把马拖下水，这还是一个谜。

日记点评

作者采用了引用的修辞手法，通过引用巨型“水怪”的传说，让日记更引人入胜，生动地刻画了哲罗鲑体形、特点，并以科考人员的调查推测加深了印象。

物种卡片

我们跟随日记，去看看湖里特有的拖马“水怪”吧！哲罗鲑是我国国家二级保护野生动物，是世界第六大凶猛淡水鱼。它身体细长，圆筒形，呈红色，故又得名“大红鱼”，成年后体重能达到 70 千克。

名称	分布 / 栖息	特点	食性
哲罗鲑（哲罗鱼、大红鱼）	在国内分布于黑龙江、图们江、额尔齐斯河等水系。在国外分布于俄罗斯西伯利亚的勒拿河到伯朝拉河，以及东欧的伏尔加河与乌拉尔河上游等	性凶猛，体形大，属冷水性鱼类，生活在湍急的江流中，越冬多在湖泊中	捕食鱼类及依水生活的蛙类、蛇类、鼠类、鸟类等

喀纳斯湖的哲罗鲑一般长 2 ~ 5 米，最长的可达 10 多米。

哲罗鲑会洄游到底部有沙砾的小河川产下鱼卵，孕育成熟后，小鱼苗喜欢藏在沙砾的缝隙里。

连一连

游戏：了解哲罗鲑的觅食习惯，把哲罗鲑与其喜欢的食物用线连起来。

蛇类

水鸟

鼠类

鱼类

唐鱼

3月12日 多云间阴

趁着周末，我和家人一起走进山林中，感受大自然的美好。山林中溪流潺潺，声音悦耳。我蹲在水边时，看见一条小鱼在溪水里的石头间游来游去，激起些许水花。“好漂亮的一条小鱼啊！”我不禁脱口而出，赶快叫爸爸妈妈一起来看。只见它的身体整体偏暗绿色，两侧各有一条金黄色或银蓝色的条纹，从眼睛贯穿到尾部，上面还闪着金光，非常吸引人。鱼儿小巧，只有两三厘米长。“看，这有一条，那也有……”我开心极了，不停地给它们拍照。

日记点评

作者善于观察生物，描写到位，以白描的叙述手法，很好地展现了唐鱼的特征。同时，还通过对话、行为动作描写，衬托出自己在观察唐鱼时的心理活动。

物种卡片

唐鱼又称为白云山鱼、金丝鱼等，是一种稀有鱼类，为我国独有，因颜色独特，后被国外引进。它在《中国生物多样性红色名录——脊椎动物卷（2020）》中为极危等级。

名称	分布 / 栖息	特点	食性
唐鱼（白云山鱼、金丝鱼）	广州白云山、花都区以及广州附近的山中溪流里	小型淡水鱼，成年后2~3厘米，色泽艳丽，具观赏价值	以食浮游动物和腐殖质为主

唐鱼十分娇小，对水质要求非常高，比较适宜的pH值为7.0左右，比较适宜的温度为25℃左右。

唐鱼的繁殖也非常有限，在春夏季可以繁殖2次以上，但1次只产数10枚卵。糟糕的是，它们有时候竟然会吃掉自己的卵。这也就导致唐鱼的生存和繁殖都受到极大考验，其数量急速下降。

说一说

为了保护唐鱼，广州从化区于 2007 年建立了唐鱼自然保护区。假设你是保护区的工作人员，说一说当地在哪些方面加强了对唐鱼的保护。请把答案写下来：______________

长江鲟

7月12日 阳光明媚

我的叔叔在一家鱼类研究所工作，我对他们研究所一直特别好奇，今天终于有机会去参观一番。来到研究所后，我在那里看到了一条稀有的长江鲟，真是令人大开眼界。只见它的身体像一把长长的梭子，脊背突起，棱角分明。有趣的是，它的头部有一个喷水孔，嘴巴下面有两对长触须。在水中觅食的时候，它总是先用嘴巴下面的两对触须到处探索感知，然后才展开行动。叔叔告诉我，这种鱼类被称为“水中大熊猫”，它的历史非常久远，它的祖先曾经目睹恐龙称霸地球。

日记点评

通过日记的描述，可以感受到作者对研究所的热情。日记中，作者采用比喻的修辞手法，对长江鲟的身体细节进行描写。日记运用了“大开眼界”“久远”等词，使用恰当，并通过叔叔的介绍，突出这个物种的久远历史。

物种卡片

我们跟随日记，去看看历史久远的物种——长江鲟吧！它又叫达氏鲟，生活在长江流域，是国家一级保护野生动物，也是《濒危野生动植物种国际贸易公约》（CITES）附录Ⅱ保护物种。2022年7月，其因未能发现除增殖放流种群外的幼鱼而被评估为野外灭绝，列入《世界自然保护联盟濒危物种红色名录》。

名称	分布 / 栖息	特点	食性
长江鲟（达氏鲟）	长江流域，淡水定居型鲟种，喜欢浅水的岩礁、沙底和卵石区域	它的皮肤上覆盖着一层原始而特化的硬鳞	杂食性鱼类，食物包括各种在水底生活的无脊椎动物、水生昆虫幼体和底层的小型鱼类，以及藻类和水生植物茎叶等植物性食物

作为“鱼类化石”的长江鲟因为受长江流域的水污染、大坝拦截等诸多因素的影响，数量锐减，不过相比于已经灭绝的白鲟，长江鲟有着更多的生存希望。

长江鲟已经实现人工养殖，而且长江鲟产卵量超多。一条雌鱼可以同时怀有6万～13万粒鱼卵，这么大批量的后代，总有一些可以存活下来。

找一找

1. 长江鲟主要生活在哪里？请小朋友找出并连线。
2. 野外的长江鲟灭绝了吗？

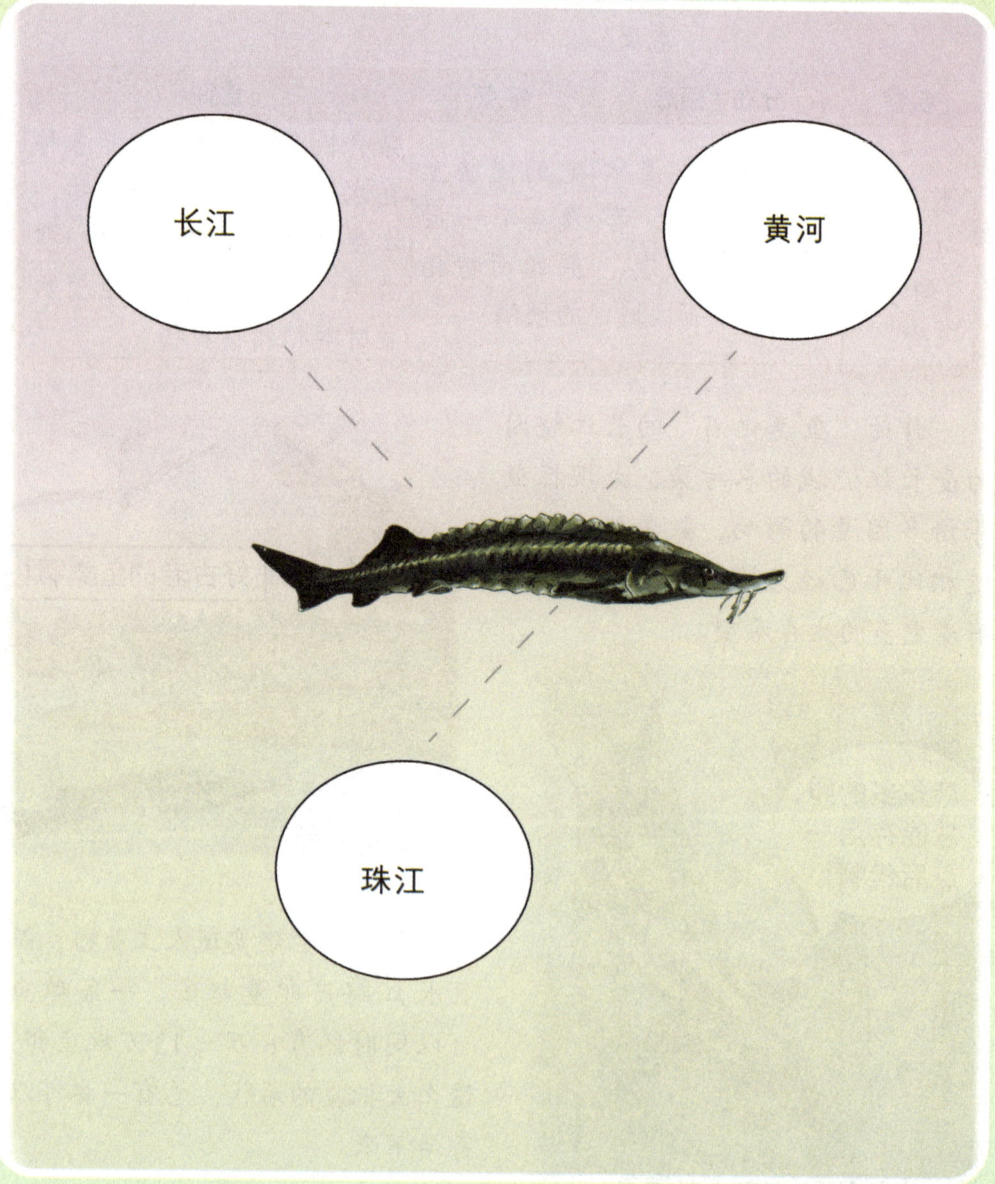

扁吻鱼

6月24日 暴雨

今天，在暴雨里，我看到湖面下游动着一种很特别的鱼——扁吻鱼。扁吻鱼拥有一个非常大的头，因此又被叫作新疆大头鱼。它们的头真的很大，占了整个身体的三分之一。这种鱼只生活在新疆境内，而且还是国家一级保护野生动物，真是太神奇了！我找到了当地的渔民，他们告诉我扁吻鱼有一个特别的习性，就是喜欢在暴雨天出来捕食。船上的保护人员说，它们和大熊一样，都非常稀有和珍贵。

日记点评

作者有着非常强烈的好奇心，同时善于通过别人的帮助，了解更多扁吻鱼的特征和习性！如通过引用渔民、保护人员的介绍，点明扁吻鱼的特殊习性和稀有情况。

物种卡片

扁吻鱼是世界裂腹鱼中的珍贵物种，起源于3亿年前，有着“古鱼类活化石”之称，仅1属1种，仅分布于塔里木水系，是国家一级保护野生动物。

名称	分布/栖息	特点	食性
扁吻鱼（新疆大头鱼）	新疆塔里木水系	性情温和，头部较大。喜欢在暴雨天出来捕食	喜欢吃鱼类和虾蟹等小型水生动物，是凶猛的大型食肉鱼

扁吻鱼是新疆特有的淡水鱼类，也是我国特有的鱼类之一。扁吻鱼外形独特，体长一般为30～40厘米，最长可达1米。扁吻鱼生活在新疆的天山山脉地区，主要分布在新疆的伊犁、昌吉、巴州等地，是当地的重要水产资源。

扁吻鱼的头部特别大是因为它们生活在急流险滩中，头部的宽度可以帮助它们更好地抵御水流的冲击。扁吻鱼繁殖能力强，但是由于过度捕捞等因素，其数量剧减，现在存活量极少，已成为濒危物种。

找一找

哪里是扁吻鱼的生活环境？扁吻鱼主要分布在哪些地区？

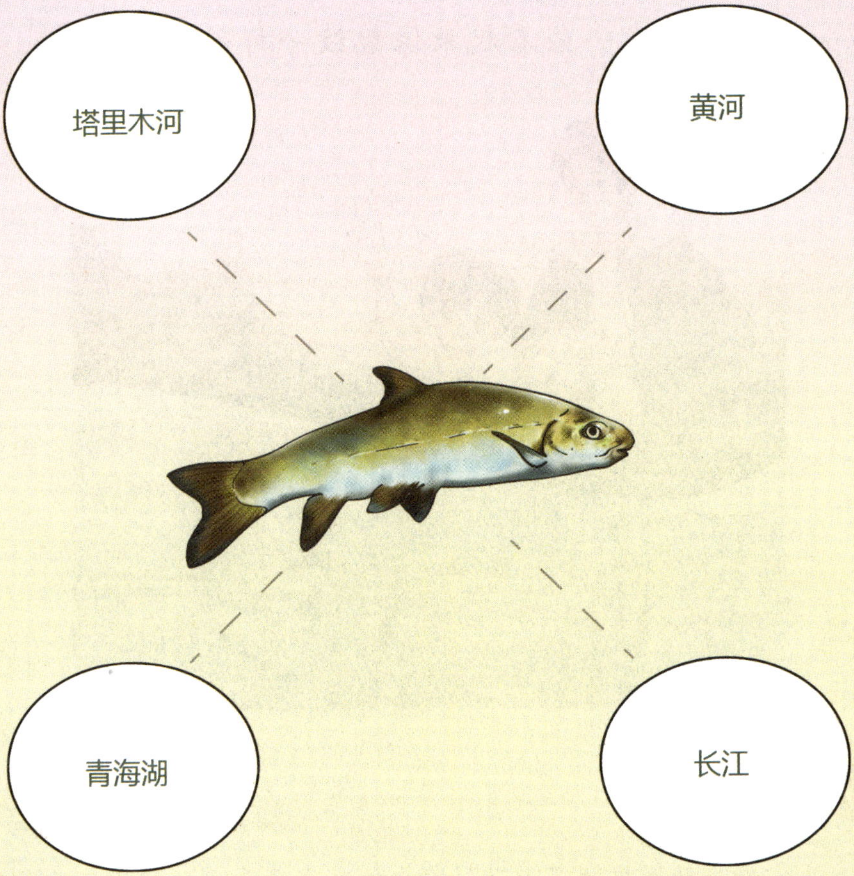

大理裂腹鱼

6月15日 晴转多云

今天我和爸爸妈妈一起来到了大理洱海，看到了传说中的大理裂腹鱼！这种鱼只有在我国洱海及其附属水系才能看到，非常稀少。它的外形很特别，身体呈长条状，背部隆起，腹部下陷，就像一个小小的船底一样。我觉得“裂腹鱼”这个名字有些吓人呢，但是爸爸说，其实这种鱼是非常柔弱的，只有几根细小的鳍，游动的姿态非常优美。它是因为从头部到尾部有一条看起来像裂纹一样的纹路，所以被叫作裂腹鱼。

日记点评

小作者生动地描述了大理裂腹鱼的特点和外形，运用比喻的修辞手法，展示“腹部下陷”的特征，这样的描写使句子变得生动活泼。

物种卡片

来看看，这种独特的鱼还有哪些知识值得我们关注。大理裂腹鱼是我国国家二级保护野生动物，在《中国生物多样性红色名录》中为极危等级。

名称	分布 / 栖息	特点	食性
大理裂腹鱼（弓鱼）	只在我国云南洱海、洱海的支流、澜沧江水系中生活	身体呈长条状，背部隆起，腹部下陷，只有几根细小的鳍，游动的姿态优美	喜欢以浮游生物、小型鱼类、水草为食

因在两列大型臀鳞之间沿着腹部的中线形成一条裂缝而得名。大理裂腹鱼通常生活在洱海深水区，游动的姿态优美，吃的是浮游生物、小型鱼类和水草。

大理裂腹鱼擅长跳跃，它们可以跳出水面捕捉昆虫，有时候甚至可以跃出水面几十厘米。因为跃出水面时身形像“弓”一样，它又被叫作弓鱼。

找一找

认识大理裂腹鱼的身体结构和生活习性，数一数隐藏在水草中的大理裂腹鱼有几条。

秦岭细鳞鲑

9月15日 凉爽的晴天

因为我在网上看到秦岭细鳞鲑的照片和介绍后，对它们非常感兴趣，所以爸爸决定带我前往秦岭深处去看一看。跟随着向导，我们一家人穿过茂密的树林，终于来到了秦岭的一条清澈溪流旁。在溪流里，我看到了身姿纤细的秦岭细鳞鲑在水流中优雅地游动着。它们身上布满斑点，看起来像穿了外套。向导告诉我们：“它们只在秦岭山间的溪流里生活，非常珍贵。我们要好好保护它们，让它们在这里生长繁衍。”

日记点评

作者观察力非常敏锐，描写层次清晰，对这个物种的生活环境进行了详细的描述，并用分点描写的方法，分别介绍了秦岭细鳞鲑的动作、外形，逻辑清晰。“纤细”“优雅”用词精准，比喻恰当。

物种卡片

让我们跟着日记再去看看优雅的秦岭细鳞鲑吧！它是秦岭深处独有的珍稀物种，因为数量稀少，被列为国家二级保护野生动物。

名称	分布 / 栖息	特点	食性
秦岭细鳞鲑	秦岭地区的山涧溪流中。喜欢清澈、流速适中、水温较低（10 ~ 18℃）的河流。在深水潭或河道的深槽里越冬	身体呈流线型，身上有细小的鳞片	以小型底栖动物为食

由于人类活动的不断干扰，秦岭细鳞鲑的保护现状不容乐观。过度的捕捞、堆积垃圾和污染水体等行为，都在威胁着它们的生存。秦岭细鳞鲑是秦岭山间溪流中的关键物种，如果它们消失了，会导致一系列相关物种也面临灭绝的风险，整个生态系统都将受到巨大的影响。

秦岭细鳞鲑对水环境的依赖性很强，在山溪生态系统中扮演着重要的角色。溪流 pH 值超过 8.5 或低于 4.3，秦岭细鳞鲑就会死亡。

找一找

秦岭细鳞鲑非常善于隐藏自己，它们的身体颜色和水底的砂砾颜色很相似。找一找，数一数下图中藏着几条秦岭细鳞鲑。

噬人鲨

3月28日 阴有小雨

今天我看了纪录片《大白鲨》。神秘的大海中，身躯庞大的噬人鲨（即大白鲨）深深地吸引了我。到了水族馆，我终于看到了真的噬人鲨：“哇！好巨大呀！”它的体重能达到惊人的2000千克，体长6米。6米，那相当于2层楼那

么高呢！为了维持这么庞大的身躯，它们捕食猎物非常凶猛。大嘴张开，里面的牙齿就像一排排小钢锯，猎物一旦被它们咬住，就很难再挣脱。这样的“大胖子”在海里游起来却非常灵活，速度很快。在大海中，其他鱼类都非常害怕噬人鲨，有记录表明噬人鲨甚至会攻击渔船和人类。

日记点评

作者描述噬人鲨的特征时，采用比喻、借代的修辞手法，非常生动，并运用对比的技巧，把噬人鲨的体长和大楼进行比较，令人印象深刻。

物种卡片

让我们继续认识日记里的“大胖子”吧！大白鲨一般指噬人鲨，现在数量稀少，受到世界各国保护，被列入《世界自然保护联盟濒危物种红色名录》，也是我国国家二级保护野生动物。

名称	分布 / 栖息	特点	食性
噬人鲨（大白鲨）	生活在热带、亚热带和温带海区。在我国主要分布于东海、南海和台湾东北海域	海洋里的顶级掠食者，非常凶猛，加速时游动速度很快	最重要的食物是海洋哺乳动物（如海狮、象海豹）和鱼类（其他鲨鱼和乌贼鱼）

噬人鲨非常凶残，它尾鳍宽大，游动快速、敏捷。它的嘴里是好几排又尖又大的利齿，有的能达到 7 排，绝对是其他鱼类的噩梦。

噬人鲨是目前世界上最大的掠食动物。刚出生时的噬人鲨也比一般的鱼类大，体长在 1.09~1.65 米之间。成年噬人鲨一般体长 1.4~6 米，最长达 8 米。

找一找

哪一个是噬人鲨繁殖的正确方式呢？

长身鳜

10月1日 天气晴朗

今天我们来到了福建的山岭里野营。在溪流边垂钓时，爸爸见到了一条特别的鱼。它身上长着花纹，嘴巴露出尖尖的犬齿，在腮盖骨后边还有细细的锯齿。“哎呀！这是长身鳜！”旁边学生物的表哥大喊，我们赶快小心翼翼地引导长身鳜回到溪流的深处。表哥介绍说，长身鳜是生活在暖温带山溪中的鱼类，曾经分布广泛，但是现在，这种鱼类已经变得稀少。

日记点评

作者记录了在野外见到长身鳜的经历，语言、动作的描写细致生动，将发现稀有物种的兴奋心情充分地展现出来，令人印象深刻，真正做到了声情并茂。阅读日记时，读者仿佛能够听到声音，看到作者激动的动作。

物种卡片

我们一起看看让作者兴奋的动物吧！长身鳜是一种非常珍稀的淡水鱼类。被列为《中国物种红色名录》中的易危物种。

名称	分布／栖息	特点	食性
长身鳜	生活在暖温带的山溪里，比较集中在我国浙江、福建，在长江以南的湖南、贵州、广西和江西等地的水域中也有发现	身形较小、细长，圆筒形	喜欢吃小鱼、小虾、青蛙以及各种水生昆虫

长身鳜喜欢水底布满石头的清澈溪流，在长江下游水口也曾有发现。

找一找

长身鳜的食物有哪些?

昆明鲇

6月15日 晴

今天一大早，我和爸爸妈妈就来到了昆明滇池。这是我第一次来到滇池，也是第一次见到传说中的昆明鲇。据说这种鱼只有在滇池中才能生存，而且非常稀少。见到昆明鲇时，我真的很激动。

我们先到了鱼类研究所，然后跟着学生物的表哥坐上了一艘小船，并开始到处寻找昆明鲇的踪迹。终于，在一个草丛旁，我发现了一条特别的鱼。它的身体扁长，眼睛位于头部两侧偏上位置，浅黄色的身体两侧有不规则的斑点。爸爸告诉我，这就是昆明鲇，早晨和黄昏的时候，它们会比较活跃，喜欢出来觅食，所以我们才能看到。

日记点评

日记开篇就直接突出了作者期待看到昆明鲇的心理活动。后文中，作者对昆明鲇的描写十分细致，从外形特征到生活习性，将昆明鲇描绘得栩栩如生。日记结构非常流畅。

物种卡片

让作者心心念念的昆明鲇是怎么样的呢？昆明鲇是我国特有物种，也是我国国家二级保护野生动物，在《世界自然保护联盟濒危物种红色名录》中为极危等级物种。

名称	分布 / 栖息	特点	食性
昆明鲇	昆明滇池	身形扁长，前部纵扁，后部侧扁	白天躲藏在湖底水草多的地方，清晨和黄昏伏击捕食其他鱼、虾，是一种凶猛性肉食鱼类

昆明鲇只分布在云南省昆明滇池。由于栖息地被破坏，昆明鲇危在旦夕。

昆明鲇在滇池曾经非常常见，因为肉质细嫩而被作为珍贵的食用鱼。当地人叫它“土鲇”。可是自20世纪70年代起，已经极少在野外发现昆明鲇了。

找一找

昆明鲇喜欢躲藏在哪里觅食呢？请把它喜欢的地方和食物找出来。

白鲟

7月12日 阳光明媚

在邮票上，我曾看到一条叫作白鲟的鱼，它长着长长的大鼻子，非常特别，真的好有意思。我央求在鱼类保护中心工作的叔叔一定要带我去看一看。今天，跟着叔叔，我终于来到了鱼类保护中心，我好期待呀！叔叔说，白鲟是中国特有的物种，它原本一直生活在长江中，曾经是中国最大的淡水鱼，体长2～3米。据说，有人曾经抓到过7.5米长的白鲟呢。我满心期待地在水池里找来找去，却没有发现它的身影。叔叔忽然很严肃地把我带到了标本室，在这里，我终于看到了白鲟。原来，它已经灭绝了。我真的好难过。

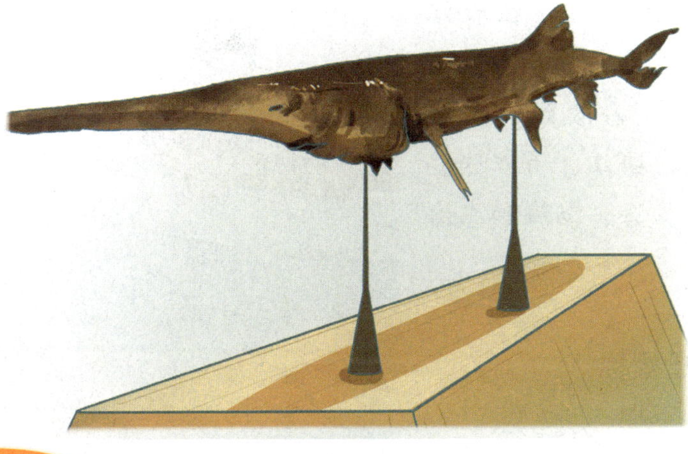

日记点评

日记通过回忆、铺垫、反转等方法，让我们感受到作者的情感变化和最后沉重的心情，也深刻地记住了白鲟这个稀有物种。“央求”“期待”“满心期待”“终于”等逐次递进的描写方式，使感情表达深刻而有力。

物种卡片

让我们跟着日记去看看让作者久久不能忘怀的白鲟吧！白鲟是我国特有物种，国家一级保护野生动物。在 2022 年 7 月 21 日更新的《世界自然保护联盟濒危物种红色名录》中，白鲟从极危等级保护物种名录调至已灭绝物种名录。

名称	分布 / 栖息	特点	食性
白鲟	主要生活在长江干流中下游，也会在入海河口咸淡水水域生活，偶尔进入沿江大型湖泊	长长的吻部非常突出，体形很大，长 2～3 米，甚至达到 7 米，成年的白鲟在野外几乎没有天敌	凶猛的大型食肉性鱼类，捕食其他鱼类为主食，也吃虾蟹

白鲟曾经是长江里的霸主，它们分布的范围很广。在长江（自宜宾至长江口）的干支流，如沱江、岷江、嘉陵江、洞庭湖、鄱阳湖及钱塘江、甬江这些地方，甚至在黄海、渤海和东海都曾有发现。

威武的长江霸主白鲟，曾经被用于祭祀。它的形象也频繁出现在文物之中。

找一找

在下面的邮票里，找到画有白鲟图案的邮票。

中华鲟

7月25日 阳光明媚

今天我和爸爸坐长江游轮观光时，看到一条威猛的大鱼“噗”的一声打起了巨大的水花。我赶快拿出望远镜，想清晰地看到它的样子。突然，它跃出江面，闯入镜头，震惊了我们所有人。原来，这条巨大的鱼是一条中华鲟！爸爸告诉我，中华鲟是我国的珍稀物种，是世界上最大的淡水鱼之一，因此也被称为“淡水巨兽”。中华鲟在长江生活了几千年，是中国文化象征之一。但由于过度捕捞和环境污染，它们现在正面临灭绝的危险。

日记点评

作者用生动的语言描述被中华鲟震撼的经历，让读者对这种珍稀鱼类有了更深入的了解。作者对多种感官感受进行了描写，如通过听到声音，看到巨大水花、鱼跃出水面等一系列描写，使日记内容生动又深刻。

物种卡片

来看看这个“淡水巨兽”还有哪些特点。中华鲟是国家一级保护野生动物，在《世界自然保护联盟濒危物种红色名录》中为极危等级物种。它是长江的象征之一。

名称	分布 / 栖息	特点	食性
中华鲟	长江中下游及其支流	威猛硕大，是淡水鱼类中个体最大、寿命最长的物种，体长可达 3 米	杂食性鱼类，在海洋主要吃鱼类、甲壳类和软体动物；在淡水区，以底栖生物（包括鱼类、甲壳类和软体动物等）为食

为了保护中华鲟，我国政府已经采取了多项措施，包括人工繁育、禁止捕捞等。

中华鲟的繁殖过程非常复杂，需要从大海洄游到江河里完成产卵。夏秋季节，中华鲟从长江口溯流 3000 多千米游回金沙江一带产卵繁殖。等幼鱼长到 15 厘米长，成鱼再带它们游到大海生长。

找一找

请你仔细观察下面的图画，并说出哪一条是中华鲟，哪一条是白鲟，哪一条是长江鲟。

松江鲈

9月23日 晴

今天我和小伙伴去钱塘江边散步，忽然听到一阵欢呼，原来有人钓上来一条鱼。我和小伙伴挤进人群一看，这条鱼可真大呀！旁边的爷爷说，这鱼应该有数十斤重。只见这条鱼身体整体扁平，由前向后逐渐变细，身上没有鳞片。它剧烈地挣扎着，黄褐色身体上的黑色斑点和夹杂的花纹随之抖动起来。

“这是珍贵的松江鲈啊！快放了吧，它可是受保护的动物！”一名男子喊起来。最终，大家小心翼翼地把那条鱼放回了钱塘江。一转眼，鱼儿就不见了。

日记点评

作者叙事简洁、条理清晰、重点突出。分点描写的技巧运用得很熟练，先突出描写发现的过程，然后详细描写松江鲈的外貌，再侧面描写人物对话，最后突出放生的过程。

物种卡片

被放生的是松江鲈，让我们去看看吧！松江鲈被列入《国家重点保护野生动物名录》，为国家二级保护野生动物，目前已禁止捕捞。为了让这种鱼重新出现在江河湖海里，我国开展了人工增殖放流活动，有的水域已经放流上万尾松江鲈。

名称	分布 / 栖息	特点	食性
松江鲈	分布于中国、菲律宾、日本和朝鲜半岛，栖息于河流入海口附近。在中国常生活在长江三角洲、辽河口及鸭绿江范围	身体扁长，由前到后变细，身体无鳞片，有一些小颗粒和细刺状皮质突起	有洄游习性，在淡水中生长，到河口近海繁殖。吃原生动物、轮虫类、枝角类、桡足类、水生昆虫、底栖动物等

松江鲈成长期多生活在淡水河或者湖泊，成熟后到接近海岸的浅水水域繁殖。松江鲈因其在中国长江口附近松江的产量较多而得名，但它们其实并非一直生活在那里。追溯起来，它们多来自东海海域，游经江河湖海，汇集在秀野桥下，调整一下再出发，进入别的河道。

松江鲈因肉质细腻肥美而被过度捕捞至逐渐消亡的地步。

找一找

鱼苗放流活动中的生物是什么呢？它们生活在哪里？

马耳他鳐

10月8日 晴

我和研究鱼类的舅舅到了意大利的西西里岛附近。今天在海岛沿海探索时，我们看到了一种奇怪的鱼，它像飞碟一样在水底“飞行”。它的身体很宽很平，有很多褶皱，胸鳍宽大，与头部相连，而且有肌肉。它扁平身体的两侧像机翼一样，可为它在水底“飞行”带来动力。我观察了很长时间，发现它的眼睛和嘴巴都很小，而且身上有很多的白色小点。我想知道这种鱼的名字，就去问舅舅。舅舅说：“这是马耳他鳐！它们很珍贵，是濒危物种。”

日记点评

作者用像飞碟“飞行”进行比喻，让文字有了动感。拟物技巧的运用，非常形象地展示了马耳他鳐在水中滑行游动的特点。作者的文章结构很有层次，让人读起来顺畅清晰。

物种卡片

让我们看看这种“水下飞碟”是哪一种珍稀鱼类吧？马耳他鳐，是世界十大最珍稀的鱼类之一，在《世界自然保护联盟濒危物种红色名录》中为极危等级物种。

名称	分布/栖息	特点	食性
马耳他鳐	仅仅分布于突尼斯海峡（意大利西西里岛和突尼斯之间的海峡）	身体扁平，背褶皱明显，拥有宽大的胸鳍，身上有白色的小斑点	喜欢的食物包括小鱼、甲壳类、软体动物和蠕虫等

马耳他鳐是一种海底生物，属于鳐科鱼类。它们的身体很宽很平，呈菱形，两侧有宽大的胸鳍，尾巴很短。它们的皮肤很粗糙，有很多褶皱和小刺，身上布满了白色的小斑点。马耳他鳐喜欢生活在海底沙泥、碎石和珊瑚礁等地方。

马耳他鳐虽然看起来很凶猛，但实际上对人类并没有攻击性。然而，受环境污染和生态失衡等原因的影响，马耳他鳐的数量已经严重减少。

找一找

马耳他鳐喜欢的食物有哪些?

黄唇鱼

5月16日 多云间阴

今天我和家人一起到海湾观看黄唇鱼放流活动。这些鱼苗只有20多厘米长，全身鳞片闪着银色的光芒，有的部位看起来像透明的一样，非常美丽。看着500尾鱼苗轻盈地摆动尾巴，充满希望地游向大海，我和家人都非常开心。现场的工作人员告诉我们，由于自然环境的变化和过度捕捞，黄唇鱼的种群数量急剧下降，濒临灭绝，已经被列为国家一级保护野生动物。这一批鱼苗是在人工控制条件下才繁育而成。我听完，更加明白了放流鱼苗的重大意义，我们一定要好好保护它们长大！

日记点评

作者记录了放生黄唇鱼的活动，对黄唇鱼的刻画十分细致，把个头、身体、游动状态描写了一遍，然后突出描写了保护黄唇鱼的重要性。文章按照重点分先后顺序进行描写，这样才不会让人觉得凌乱。

物种卡片

黄唇鱼是我国特有珍稀鱼类，是国家一级保护野生动物，同时也被列为《世界自然保护联盟濒危物种红色名录》极危等级物种。

名称	分布 / 栖息	特点	食性
黄唇鱼	南海和东海	体形最大的石首鱼科物种	肉食性鱼类，以小型鱼类和虾蟹等大型甲壳类为食，幼鱼则以虾类为食

黄唇鱼有自己的小家族，包括黑缘黄唇鱼以及波利黄唇鱼两种，它们一般生活在浅海水域水下五六十米水流处，海水和淡水交汇的河口海域。成年鱼可以长到 1.5 米，体重 50 千克。目前，黄唇鱼已经极其稀有。

现在 15 ～ 30 千克的黄唇鱼偶尔可见。2005 年，东莞市在现存仅有的黄唇鱼产卵场——珠江口虎门海域设立了东莞市黄唇鱼市级自然保护区。黄唇鱼已经被列入《国家重点保护野生动物名录》，不可以随便捕捞、买卖。

说一说

1. 黄唇鱼是国家__________级保护野生动物。

2. 黄唇鱼分布的范围在哪里呢？我国在哪里设立了黄唇鱼市级自然保护区？

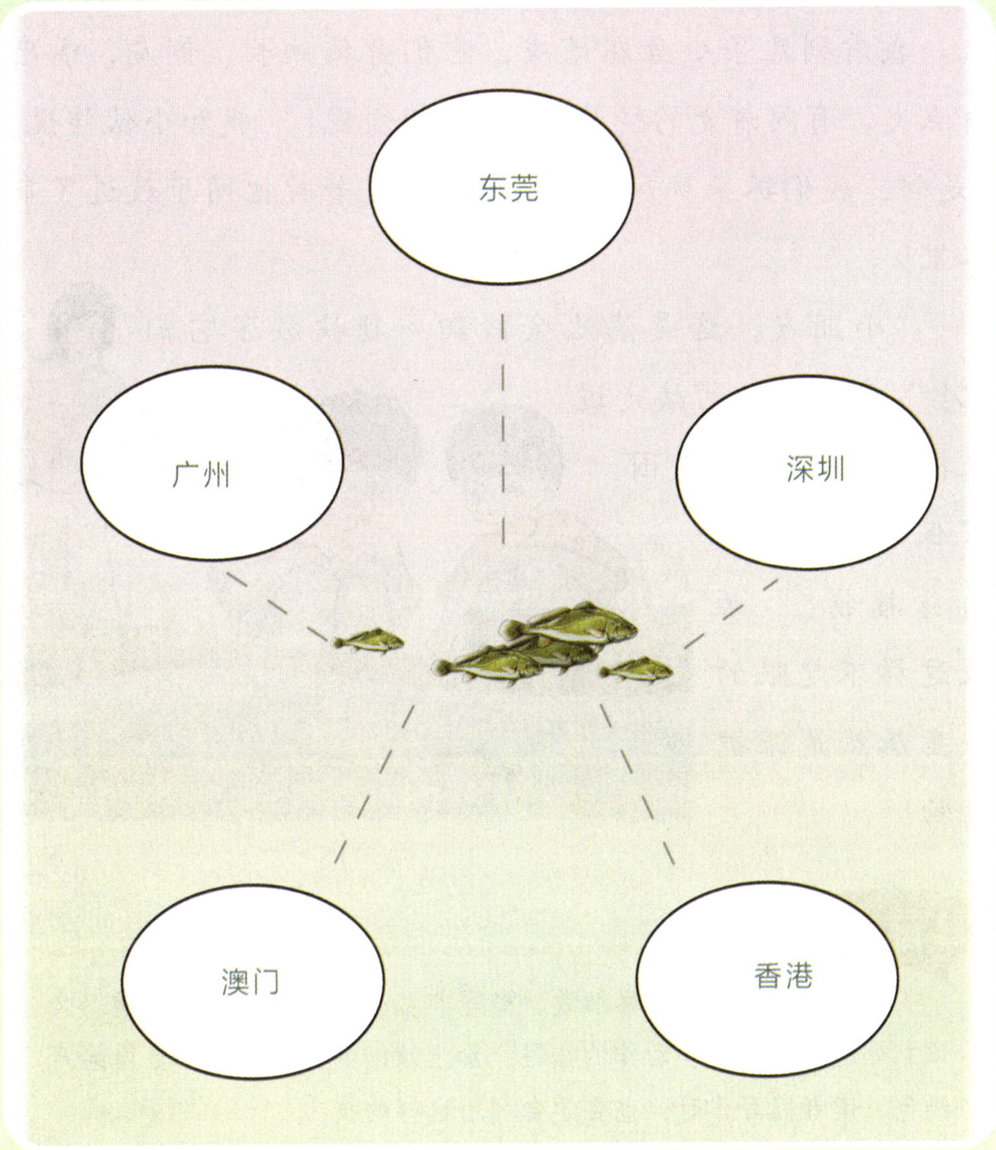

滇池金线鲃

8月20日 炎炎烈日

今日我和小伙伴及家人去云南的抚仙湖游玩。抚仙湖的湖水清澈见底，站在岸边可以看到水底的水草在晃动，岸边还有不少钓鱼的人。我们来到湖边岩洞处，那里有泉水淙淙而过。“瞧，有鱼！”小伙伴指着水底的水草处叫起来。我看到几条小鱼在嬉戏，它们身体细长、侧扁，嘴巴有点尖，有闪着光的鳞片。“还有胡须呢！”我和小伙伴说。“是啊，我们抓来玩玩吧！”小伙伴说着就把网子放进了泉水里！

“小朋友，这是滇池金线鲃，赶快放了它们吧！”旁边一位阿姨走过来提醒道，“它们受国家保护，不可以随意捕捞！”原来这样不起眼的小鱼居然是保护动物！

日记点评

作者对自然环境观察细致，描写非常生动，令人身临其境。文章充分运用了声音和动作的描写，加上清晰的细节刻画，显得绘声绘色。读者们写作时，也要学会利用这样的技巧。

物种卡片

滇池金线鲃非常濒危，平时难得一见，但我们可以在这里了解它：滇池金线鲃是国家二级保护野生动物，在《中国濒危动物红皮书（鱼类）》中被列为濒危等级物种，在《世界自然保护联盟濒危物种红色名录》中为极危等级物种。

名称	分布/栖息	特点	食性
滇池金线鲃	中国云南的阳宗海、滇池、抚仙湖	细长、侧扁	喜欢吃小鱼、小虾和水生昆虫，也吃少量的丝状藻、蓝藻和植物的碎片

滇池金线鲃喜欢水质清澈的湖泊，或者与湖泊相通的洞穴，还有石灰岩溶洞及一些暗河。它们在初夏时游入湖边岩洞泉水中产卵。目前主要通过人工增殖放流的方式增加自然界中滇池金线鲃的数量。

滇池金线鲃生存历史悠久。几百年前，徐霞客在游历云南滇池时，在《徐霞客游记·记游太华山》中这样记述滇池金线鲃：“鱼大不逾四寸，中腴脂，首尾金一缕如线，为滇池珍味。”

找一找

滇池金线鲃的家在哪里？

花鳗鲡

7月25日 阴

放假了，我和家人一起到湖泊边观察鱼类。站在水里捕捞小鱼时，我忽然看到一条“蛇”探头探脑地游了过来。“啊，有蛇！”我大叫着跳上岸边的石头。表姐听见后拔腿就跑。叔叔听见呼喊跑过来，仔细观察了一下后，告诉我们：“不用担心，这是一条鱼，不是蛇。”我冷静下来仔细一看，只见它的身体圆滚滚，很长，和一般的鱼类不同，也不像蛇，身上有黄褐色的花斑纹样，嘴巴很大，看起来很凶猛。我上网一查，果然是鱼，学名叫花鳗鲡。叔叔说，它是“鳝王”，还可以爬上岸生活呢。

日记点评

作者对场景的描写细致而生动，给读者以深刻印象。“探头探脑”“大叫”“拔腿就跑”“呼喊”“跑过来”等一系列动作的连续描写非常生动。

物种卡片

让作者既害怕又激动的花鳗鲡，还有什么知识呢？去看看吧！花鳗鲡被列入《国家重点保护野生动物名录》，为二级保护野生动物，在《中国生物多样性红色名录——脊椎动物卷（2020）》中为濒危等级物种。

名称	分布 / 栖息	特点	食性
花鳗鲡	喜欢生活在山间的溪流中。白天隐藏在洞穴及石隙中，晚上外出活动	身体圆而长，嘴巴越过眼睛位置，非常凶猛	肉食性，喜欢捕食小型鱼类、甲壳类、贝类和水生昆虫等

花鳗鲡是一种在江河和深海间洄游的鱼类，平时生活在淡水的江河、沼泽、溪流，繁殖时进入深海。拦河建坝、水电站等阻断了花鳗鲡的洄游通道，致使花鳗鲡的数量急剧下降。

花鳗鲡在国内分布于长江下游及以南的水域，在国外则主要分布于菲律宾南、斯里兰卡东和巴布亚新几内亚等水域。

想一想

想一想，并勾选出花鳗鲡濒危的原因。

蓝鳍金枪鱼

5月12日 晴

今天妈妈带我去参观海洋生物博览会。参观时，我看到许多人围着一条特别的鱼拍照。原来，吸引大家注意的是一条珍贵的蓝鳍金枪鱼。它是金枪鱼类里最大型的鱼种，体长2米多，头部往下弯曲，鳍膜很大，背鳍和臀鳍十分发达，身体呈流线型，全身闪闪发光。科普讲解员说，它是海洋顶尖的掠食者之一，为了保持自身的吸氧量，要一直游。它游动的速度非常快，可以达到每小时几十千米。

日记点评

作者通过侧面描写，突出了蓝鳍金枪鱼人气十足的热闹场面。引用科普讲解员的话，展现出蓝鳍金枪鱼游动速度快的特点，再配合非常细致的体形特点描写，富有画面感。正面描述和侧面描述结合的写作方法值得学习。

物种卡片

让我们跟着作者看看，在渔业中非常出名的蓝鳍金枪鱼还有什么知识点吧！

名称	分布/栖息	特点	食性
蓝鳍金枪鱼	分布在大西洋、太平洋、印度洋的温带及热带海域，包括中国的东海。属于温水性鱼类，喜欢生活在深海表层水温高的海域	身体呈流线型，背鳍和臀鳍发达，身体侧面呈金属光泽，背部呈暗蓝色，腹部呈白色，体长可达3米，体重达250~400千克，甚至更重	主要以鱼类、头足类和甲壳类动物为食

蓝鳍金枪鱼是海洋里的顶级掠食者，用超快的速度追捕较小的鱼类。它们是极为迅速的游泳者，每小时可以游动数十千米，因此也被称为“追风者”。

由于过度捕捞和环境污染，蓝鳍金枪鱼的数量逐渐减少，被列为濒危物种。作为海洋生态食物链上重要的一环，蓝鳍金枪鱼如果灭绝，将会对部分海域的生态平衡造成破坏性影响，所以已被列入《世界自然保护联盟濒危物种红色名录》极危物种，在中国属于国家二级保护野生动物，不得猎捕！

拼一拼

根据蓝鳍金枪鱼的特征拼一拼。

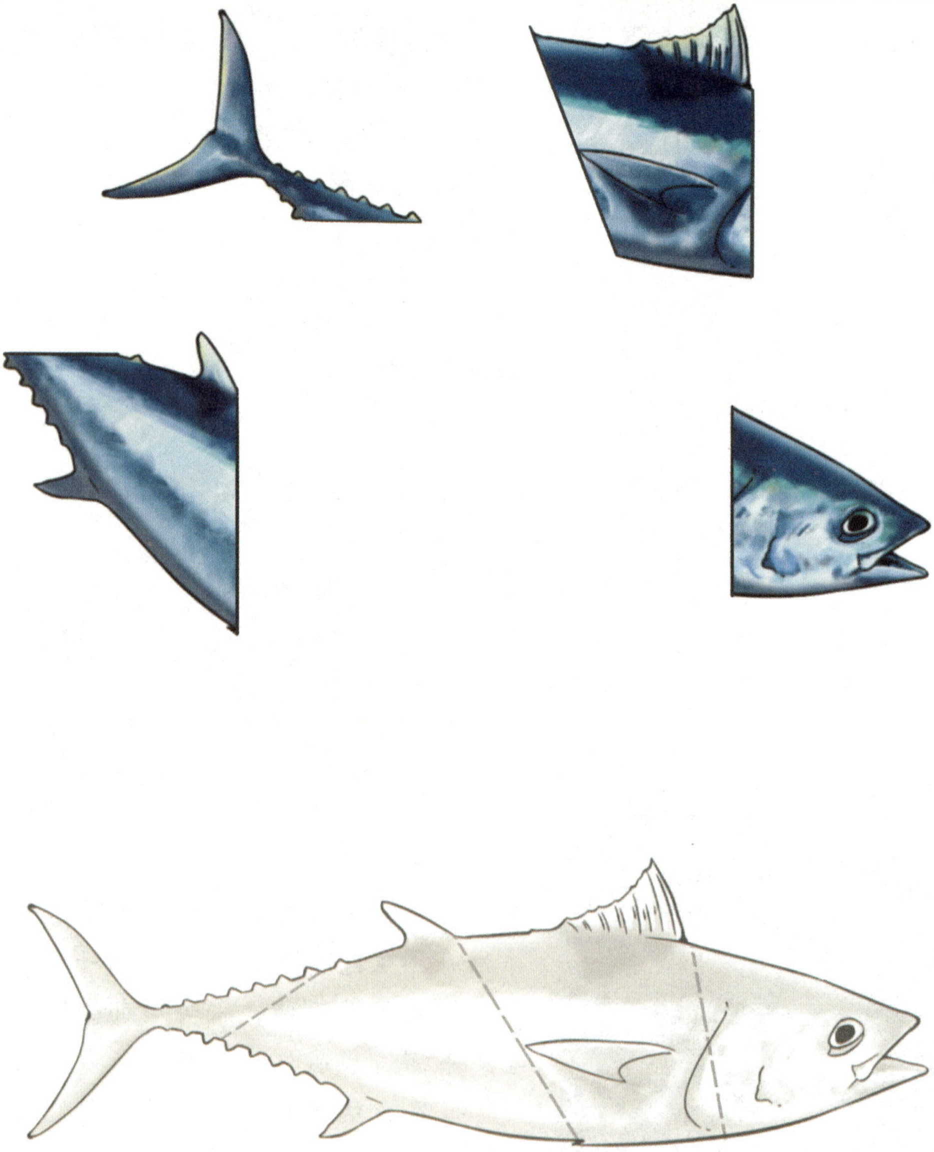

斑鳠

7月25日 阴转晴

今天我和妈妈去珠江边游玩时，看到一位钓鱼者正在放生一条鱼。好多人在那里围观，妈妈看了一眼说："这不是斑鳠吗？"我突然想起小时候在村里也能钓到的芝麻剑，原来它的学名叫斑鳠呀！它是一种很特别的鱼，有点像鲇鱼，不过它的身体侧扁，褐色身体上有黑色斑点，就像撒了黑芝麻。它的身体看起来像一把剑，且非常滑溜，不容易捕捉。

"现在，它可是国家二级保护野生动物。因为人类的过度捕捞和环境的变化，斑鳠已经越来越稀少了！"那个钓鱼的人一边说着，一边小心翼翼地把鱼放归水里。

日记点评

作者通过对现在和回忆的描写，让文章富有层次感；善用对比和比喻，形象地描写斑鳠的外观特点。文章情感饱满，叙事重点突出，动作描写运用很熟练。

物种卡片

我们一起来看看让作者从小念念不忘的稀有鱼类，还有什么值得学习的知识点！

名称	分布 / 栖息	特点	食性
斑鳠（芝麻剑）	中国钱塘江、九龙江、韩江、珠江、元江，以及南亚地区内陆河。喜欢栖息在江河的底层	和鲇鱼有点像，头部呈扁平状，嘴边有四条须，身体侧扁如一把古代的剑	在水底底层，捕食小型水生动物如水生昆虫、小鱼、小虾等，也少量食用水生植物碎屑

斑鳠是鲿科鳠属的一个种，民间又叫它芝麻剑，在广东和广西的农村一般也叫鲋鱼或者白须鲋。斑鳠在广东珠三角部分地区有养殖。

它个体长，全身无鳞，但背鳍和胸鳍非常锋利而且有毒，被刺后伤口剧痛，还可能引起大面积水肿。

找一找

哪一条是斑鳠，哪一条是平时看到的鲇鱼？

波纹唇鱼

8月26日 多云

今天妈妈带我到海洋博物馆游玩，这里有各种各样的海洋生物，真是令人大开眼界。刚走进馆里不久，便有一条绿色的鱼吸引了我。只见它的头部隆起，身上的斑纹非常特别，和人的指纹很像，色彩艳丽，特别好看。最让我印象深刻的，是它眼睛后面好像长着两道眉毛。我站在那里看它游来游去，几乎入了迷，妈妈叫我，我都没听见。工作人员告诉我，这是波纹唇鱼，它是一种名贵的观赏鱼，曾经还被人食用。但它现在数量稀少，是国家二级保护野生动物，需要我们爱护。

日记点评

作者通过直接描写和侧面烘托相结合的方式，生动刻画了波纹唇鱼的特征。叙事过程中心理描写充分，突显了作者对波纹唇鱼的好奇心。

物种卡片

日记里“眉毛”这个比喻非常形象，可它真的长有眉毛吗？原来，这种鱼又称为苏眉，就是因为它眼睛后方那眉毛样的条纹而得名。它被列为国家二级保护野生动物、《世界自然保护联盟濒危物种红色名录》濒危等级物种。

名称	分布 / 栖息	特点	食性
波纹唇鱼（苏眉、龙王鲷）	喜欢生活在岩礁和珊瑚海域，以及热带海洋里险峻的外礁斜坡、峡道斜坡处。很多沿海国家都有它的踪迹	有向前隆起的额头，最长达 2 米左右	肉食性，捕食范围很广，以鱼类及底栖动物为主，也吃无脊椎动物

千万不要把波纹唇鱼养在一起，因为它们喜欢“占地盘”。一山不容二虎，总有一条要被另外一条攻击受伤。波纹唇鱼白天喜欢在礁石之间活动，晚上在礁石洞穴、珊瑚岩架下面栖息。

此外，也不能把小型鱼和它们放在一起，因为波纹唇鱼属于肉食性鱼类，食谱很广，它们可以吃掉和身体一半大的猎物。即使只有 10 厘米长，它们也能吃掉 5 厘米长的小鱼。

找一找

波纹唇鱼白天和晚上分别喜欢在哪里呢？

克氏海马

7月20日 小雨

今天在家看电视时，我看到了关于海洋鱼类的纪录片，就赶忙拿出日记本继续写鱼类观察日记。

纪录片里播放的是一种会直立“行走”的鱼，它游动时像海洋里的野马一样，因为头部看起来和马的头部相似，所以它被称为克氏海马。它没有牙齿，一直用嘴吸食。它游走在海藻丛里时，就像站立着的马，全靠后背的鳍鼓动助力前进。除了在动的背鳍和两只眼睛，它看起来就像飘在水中“行走”，和平时见到的游动的鱼完全不同呢。这种鱼类真的很特别！

日记点评

作者对克氏海马的描写非常细致，运用类比的方法让读者直观地了解这类鱼的外形、特征。心理描写、动作描写用词恰当，例如，“赶忙”一词就表达了小作者积极记录的心情。

物种卡片

这种“像马一样的鱼”真让人感兴趣，我们去看看吧！克氏海马已被列为《世界自然保护联盟濒危物种红色名录》易危等级物种，同时也是国家二级保护野生动物。

名称	分布 / 栖息	特点	食性
克氏海马	生活于沿海、海湾等区域，特别是风平浪静、水质清洁、透明度较大的海底礁石、石砾、藻体附近	长得像马，繁殖方式独特，由海马爸爸负责孵化和育儿	以端足目、桡足目、糠虾目等甲壳类为食

克氏海马是一种小型海马鱼，身体表面有很多小颗粒，以及一些类似树枝的突起，这些都有助于它们在海底的海藻中隐藏身形。

海马繁殖非常独特，雄性海马长有育儿囊，雌性海马把卵产在雄性海马的育儿囊里，由雄性海马负责孵化和育儿。

找一找

下面哪里适合克氏海马生活呢?

东北七鳃鳗

7月25日 风和日丽

今天我和家人去了位于辽河旁的江畔公园，意外地看到了东北七鳃鳗。那是在江边玩耍的时候，我们路过钓鱼的人群时，忽然听到一位老爷爷指着水桶大声劝说：“这不就是东北七鳃鳗吗？它可是国家二级保护野生动物！快快放回河里！”

我们非常好奇，赶忙凑过去仔细观察。只见水盆里有一条像电影里“水下吸血恶魔”的怪鱼，它的身上有几个很明显的气孔，身躯有点像鳗鱼，却长着怪异的嘴。圆盘状的嘴里布满密密麻麻的尖牙，令人毛骨悚然，真是非常恐怖的鱼。

日记点评

作者非常熟练地运用倒叙的手法，并结合联想的写法，把“吸血恶魔”东北七鳃鳗的外形描述出来。“赶忙凑过去”这一动作描写，表达了作者“非常好奇”的心情。

物种卡片

日记让我们感受到了作者既好奇又有些害怕的心情。让我们再一起看看这种奇异的鱼类吧！东北七鳃鳗已被列为国家二级保护野生动物。

名称	分布 / 栖息	特点	食性
东北七鳃鳗（八目鳗鱼、七星子）	冷水鱼，生活在中国鸭绿江流域、俄罗斯远东、朝鲜北部山区冷水区域	身体是细长条形的，头和颈部区域有七鳃孔	肉食性鱼类，幼年吃浮游动物以及藻类、腐殖碎片；成年后经常用吸盘吸附在其他鱼类的身体上，吸食鱼类的血肉

在东北水流平缓的山区河流可以看到它们的身影，东北七鳃鳗喜欢白天钻到沙子里，晚上出来觅食。

成年东北七鳃鳗以吸食其他鱼类的血肉为食，被渔业列为“害虫”，受到限制和驱逐。但它肉质鲜美，又是一些吃货的美食，因而受到猎捕。

找一找

东北七鳃鳗和鳗鱼有什么区别？

花羔红点鲑

7月11日 晴间多云

今天我和家人来到松花江，看到了一种非常神奇的鱼，叫作花羔红点鲑。第一眼看到它的时候，我就被它吸引了。它的身体呈褐色至灰色，上面点缀着红色斑点，身体底部色彩艳丽。导游说这是一种神奇的鱼，人如果一天不吃饭会饿得发慌，但这种鱼却可以几乎一年不进食。这是因为它们有个特异功能，可以根据食物的多少（比如所进食的大马哈鱼卵的数量）改变肠道的容积，这样可以一次性尽可能多地进食。

日记点评

作者采用了直叙的方式，记录了在松花江的见闻。日记当中突出记录了导游的话，并突出“特异功能”这一特征，非常生动地介绍了花羔红点鲑的特点。

物种卡片

日记里描述的"特异功能"真神奇！这种鱼真让人好奇。我们继续了解一下吧。花羔红点鲑现存数量不多，已经被列为国家二级保护野生动物。

名称	分布/栖息	特点	食性
花羔红点鲑	太平洋北部，亚洲和美洲沿岸，以及我国的黑龙江、松花江等流域	喜欢生活在冷水中，夏天也喜欢在15℃以下的冷水域生存	以底栖动物及落入水中的昆虫为食，也吃鲑类的卵和幼鱼，最喜欢吃大马哈鱼的鱼卵

长白朝鲜族自治县冷水鱼养殖场实现了第一条濒危冷水鱼——花羔红点鲑的人工培育和驯化。

扩展肠道的能力，让花羔红点鲑可以尽可能多地进食。

找一找

花羔红点鲑的食物有哪些?

多鳞白甲鱼

8月23日 晴

今天我和家人到附近的山里游玩。在溪水边，我正准备拍摄照片时，朝水面一看，竟然发现了一种非常稀有的鱼——多鳞白甲鱼！这种鱼的身体颜色非常美丽，全身呈银白色，鱼鳞上布满了绿色和金色的斑点，非常精致。它的身体长而细，像是一条细长的银带，游动非常迅速。它就像一位将军，全身穿着白光闪闪的铠甲在水里游动。我一直注视着它，接连拍了好几张照片，直到它游出我的视线。

日记点评

作者热爱大自然，文字生动，用拟人和比喻结合的描写手法，如“将军”“白光闪闪的铠甲”等，清晰详细地介绍了多鳞白甲鱼的外观。

物种卡片

日记里的“将军”全身穿着“白光闪闪的铠甲”，到底是什么样的呢？让我们一起看看吧！多鳞白甲鱼属于《国家重点保护野生动物名录》中的二级保护野生动物。

名称	分布/栖息	特点	食性
多鳞白甲鱼	喜欢在山溪流水中生活，为底层鱼类。广泛分布在中国嘉陵江水系和汉水水系的中上游、淮河上游、渭河水系，还有海河上游的滹沱河，以及山东泰山的溪涧	银白色，成年鱼体长 20 ~ 30 厘米，鳞片闪闪发光	杂食性鱼类，主要捕食软壳的水生昆虫（如摇蚊的幼虫或成虫、黑纹石蚕的幼虫或茧、白川谷蜉蝣的稚虫、石蚕的幼虫、黑蚂蚁）等无脊椎动物，也摄食藻类（如螺带水绵、短发状绿苔）

多鳞白甲鱼是一种非常美丽而珍贵的淡水鱼类，生活在水质清澈、砂石底质的高山溪流中。它身体长而细，鳞片闪闪发光。

它们喜欢生活在高山溪流中，常在石边或乱石空隙当中活动，常常取食砾石表面的藻类。

找一找

多鳞白甲鱼的食物有哪些?

北方铜鱼

9月30日 阴

天气已经开始转凉了，今天伯父带我去河边走一走。我在河边石头处大声地和伯父说着话，忽然见到水下有一个影子在晃动，好像是一条鱼。“有鱼！”我惊喜地叫了一声。透过河水，隐约看到鱼的身体呈铜黄色，背部和侧边有黑色斑块，鳞片闪着光，很美。“这是北方铜鱼，”伯父看了看，又说，“这种鱼也叫鸽子鱼。它们非常喜欢待在大河浑浊的水底，潜藏在河底的石头缝隙中。”

日记点评

作者以白描的手法，细致描写出北方铜鱼的外观特征，并详细描写了看见北方铜鱼的过程，用声音、动作等穿插结合的描写方式，令人仿佛身临其境。

物种卡片

潜藏在水底的北方铜鱼，已经越来越难得一见了。它被列入了《中国生物多样性红色名录——脊椎动物卷（2020）》，为极危级别；在《国家重点保护野生动物名录》中为一级保护野生动物。所以一起来看看吧！

名称	分布 / 栖息	特点	食性
北方铜鱼（鸽子鱼、黄河铜鱼）	黄河中上游的甘肃靖远至宁夏青铜峡一带	头小，稍平扁，头后背部稍隆起。吻尖而突出。口下位，马蹄形，略宽	成鱼喜欢吃底栖动物，也吃水生昆虫、小鱼虾、植物碎屑、谷物、小螺蚌等；幼鱼吃其他鱼类的鱼卵和幼鱼

它们是中国的特有物种，生活在黄河上游水流稍微平缓的地方，多在浑浊的深水区觅食。

它们外形和鲤鱼相似，但头小肚子大，侧看活像一只可爱的鸽子。

找一找

北方铜鱼的家在哪里?

鲥

8月20日 多云

今天，在渔业展览馆里工作的伯父带我去参观他们的展览馆。我在展厅里看到一个奇怪的大展台，这个展台上挂着的图片展示的居然是一个宴席的场景。怎么回事呢？我非常好奇。原来，这个展台介绍的是一种以鲜美著称的鱼类——鲥。伯父说，鲥自古就因为好吃而被多次记载传颂，它的味道美妙无穷，有超级高的声誉。

伯父指着旁边的标本介绍说，鲜活的鲥，全身长满银鳞，看上去滑润如玉。渔民们曾经非常热衷于捕捞它们。后来，鲥变得越来越少。到了今天，几乎非常难在野外找到它们了。它们已经被列为国家一级保护野生动物。

日记点评

作者以平铺直叙的方法记录了参观渔业展览馆的过程，但在直叙过程中，重点描写了鲥的味道之美妙和最终成为濒危物种的历程。所用词语“传颂”“美妙无穷”非常恰当，展现出良好的遣词能力。

物种卡片

曾经因为美味而被传颂的鲥，已经越来越难见到了。让我们一起去看看因为美味濒危的物种吧。鲥已被列为国家一级保护野生动物。

名称	分布 / 栖息	特点	食性
鲥（鲥鱼、时鱼、三来鱼）	中国黄海、东海、南海沿岸以及珠江、钱塘江、长江等水域	栖息在海中，喜欢在水体中上层活动，是一种溯河产卵洄游的鱼类	摄食浮游动物，兼食幼小鱼虾

鲥是一种在海中生活，却返回淡水河中繁殖产卵的鱼类。

它们喜欢在江河的支流、湖泊中水流平缓、砂质的地方繁殖。

想一想

鲥的分布范围在哪里呢？

北美五大湖地区	尼罗河流域	澳大利亚沿海
□	□	□
中国黄海、东海	密西西比河	中国长江流域
□	□	□

鲸鲨

10月2日 多云间阴

今天，是我跟着大伯他们出海捕鱼的日子。热闹地点完鞭炮以后，渔船启航了。在大海上颠簸航行了很长的时间，忽然，我们在船尾不远处发现了一艘“巨大的潜艇”。这艘“潜艇”的阴影足足有一艘船那么长，有时会有背鳍露出水面。“会不会是大鲨鱼？”其阴影的形状像极了鲨鱼！

我赶忙打开安装在船底的水下摄影机。“终于有机会拍到珍稀鱼类啦！”原来这是一条巨大的鲸鲨，它的身上布满斑点，正咧开嘴，在斑驳的水中悠闲地游动着，身边跟随了很多小鱼。

日记点评

作者详细记录了发现鲸鲨的过程。以“巨大的潜艇”为比喻，形象地展现了在船尾发现的阴影。用疑问句激起好奇心，进而运用白描的手法描写鲸鲨的外观。运用“悠闲”一词形容鲸鲨的动态，形象生动。

物种卡片

鲸鲨是个庞然大物，长得很像鲨鱼，外形可怖，性格却非常温顺，我们一起去看看吧！

鲸鲨属于滤食性鲨鱼，以浮游生物为食。它被列入《世界自然保护联盟濒危物种红色名录》，为濒危等级物种；被列入《国家重点保护野生动物名录》，为国家二级保护野生动物。

名称	分布 / 栖息	特点	食性
鲸鲨（豆腐鲨、大憨鲨）	温暖的各大洋海域	体形最大的鱼：科学记载的最大鲸鲨长 12.65 米，其身体最粗处周长为 7 米	以浮游生物、巨大的藻类、磷虾与小型的自游动物（如小型乌贼与脊椎动物）为食

庞然大物鲸鲨，体长 9 ~ 12 米，最长可达 20 米，体重可能超过 10 吨。

它们喜爱吃浮游生物、磷虾，性格非常温顺。

想一想

鲸鲨的分布范围在哪里呢?

北极地区	欧洲的内陆河流	太平洋亚热带海域
□	□	□
大西洋热带海域	印度洋	南极洲周边海域
□	□	□

姥鲨

10月25日 大雨

在远洋渔船上工作的表哥终于从很远的地方回来了。我非常兴奋地跑到了他家。“这一次，我拍到了姥鲨！”表哥一脸得意地拿出相机展示给我看。这是一条非常像鲸鲨的大鱼，体形庞大。让我印象深刻的是它张开的大嘴，就像一个深不见底的巨洞一样，把小鱼、小虾装进里面。它进食的时候，会张开大嘴一路向前游动，大嘴就像渔网一样，装进很多食物。很难想象，这么庞大的身躯，一天要吃多少小鱼才够呀！

日记点评

作者运用比喻，以“深不见底的巨洞”形容姥鲨的大嘴，又恰当地运用比喻与描写结合的方式，详细地描绘出姥鲨的进食动态，并且在文章最后，用一句感叹突出了“庞大”的姥鲨和食物之间的差距。

物种卡片

姥鲨也是个庞然大物，是比鲸鲨小一些的世界第二大滤食性鲨鱼。日记里说，它有“深不见底”的大嘴巴，我们一起去看看吧！

姥鲨被列入《世界自然保护联盟濒危物种红色名录》中，属于濒危等级物种，同时也是国家二级保护野生动物。

名称	分布 / 栖息	特点	食性
姥鲨（象沙、姥鲛、赣鲨、蒙鲨、老鼠鲨、象鲛）	温暖的各大洋海域	体形非常大，体长可达 7 ~ 8 米。因生性非常温和，故被称作姥鲨	主要以浮游的无脊椎动物和小型鱼类为食。其捕食方式非常奇特，先张开大嘴连饵带水“吞”进，然后用细长的角质鳃耙“筛”选过滤

姥鲨在拂晓和黄昏时常成群结队地出现在海面，会露出背鳍或尾鳍，其他时间则栖息在 100 米以下的深水层。

它们巨大的嘴巴，可以连水带鱼一起“吞”，然后在鳃耙“筛”选过滤。喜欢吃小鱼、浮游生物、磷虾，性格非常温顺。

找一找

鲸鲨和姥鲨都是滤食性鲨鱼，它们有什么区别吗？

收集和观察鱼类的工具、资料，有哪些呢？

1. 学习资料：《国家重点保护野生动物名录》、观察图鉴。

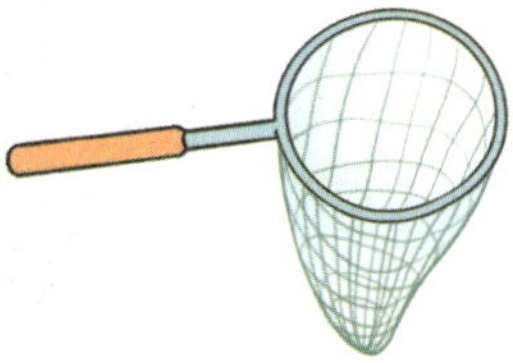

2. 网兜： 大部分鱼类不会傻呆呆地待在原地，要小心地使用网兜捕捉它们。

3. 望远镜： 能清晰地看到远处。在野外的湖畔、河畔，可以用望远镜观察到水中的鱼类。

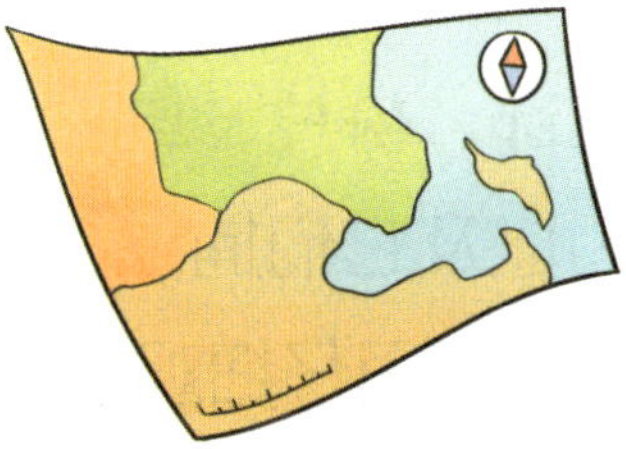

4. 地图： 重要资料，有助于制订和确认调查计划及路线，避免在野外迷路。

5. 记事本与笔： 用来记录观察鱼类的时间、地点，以及鱼类的外观、特点、习性等，这样就可以随时记录观察结果。

鱼类的栖息地通常在野外，做好这些准备，可以让你在野外观测时事半功倍。

1. 双肩包： 不仅可以携带许多在野外必备的物资，比如食物、工具以及生活用品等，还方便我们在观察时腾出双手使用望远镜。

2. 透明观鱼器： 用于安放捕捉到的鱼类。有2个小盖子，都可以打开，上面会有小孔，保证鱼类有充足的空气。

3. 放大镜： 用来观察鱼类细微的地方。当观察细小的鱼类、鱼卵时也用得到。

怎么观察鱼类？

每一种鱼类都各有特点！注意观察它们的各个部分，如头部、嘴部、鳞片、鱼鳍等，还要观察它们的颜色、大小、活动能力以及它们捕食、进食的过程等。小的鱼类，可以放入透明观察器里仔细观察。